JN026021

Bayes' Rule
A Tutorial Introduction to Bayesian Analysis

速習 ベイズの定理

「推論」に効く数学の力

James V Stone [著]

岩沢宏和 [監訳]

西本恵太, 須藤 賢 [訳]

技術評論社

Bayes' Rule: A Tutorial Introduction to Bayesian Analysis
by James V Stone
Copyright © 2013 by James V Stone

Japanese language edition published by arrangement with the author
through Tuttle-Mori Agency, Inc., Tokyo

日本語版に寄せて

このたび、本書を日本の読者の方々に届けることができ、うれしく思っています。2013年に初版が出版された本書の原書では、画像処理、脳画像処理、機械学習など、多くの実応用でベイズ分析（*Bayesian analysis*）との関連性を指摘しました。その後も、機械学習（*machine learning*）や人工知能（*Artificial Intelligence*, AI）システムの重要性はますます高まっています。AIが普及するにつれて、その動作原理を知るための第一歩として、（ベイズ分析を支える）ベイズの定理（*Bayes' rule*）の知識は必要となることでしょう。

ベイズ分析に対する大雑把な説明を読むと、ベイズ分析は数学における「妖精の粉」の一種であって、難しい問題を簡単にしてくれるものだという印象を受けることがよくあります。もちろん、そのような魔法はなく、ベイズ分析を使ったとしても、難しい問題は難しいままです。それでも、ベイズ分析の文脈に置くことで、少なくとも取り組むことは可能になります。そのため、難しい数学の問題を、難しくとも解決可能な問題に変換するには、ベイズ分析を理解することが必要不可欠なのです。

筆者が本書を執筆するのに費やした時間からは、さまざまな科学分野や実応用におけるベイズ推論の本質と基本的な重要性について、多くのひらめきが生み出されました。読者が本書を読むのに費やす時間から、少なくとも一つのひらめきが生み出され、それゆえ筆者の費やした時間も読者が費やした時間もともに有意義だったと言えるようになることを、心から願っています。

James V Stone

本書について

　この入門書が目指すのは、ベイズの定理を単純明快に、わかりやすく身近な例を用いて解説することです。とくに、現時点での数学知識は少ないものの、必要に応じて自ら数学を習得しようとしている読者を対象としています。

　講師(や著者)となる側はトップダウンのアプローチで教えることを好むため、通常、抽象的な一般原理からはじめて、徐々に具体的な例に進んでいきます。一方、学ぶ側は通常、ボトムアップのアプローチを好むため、例から始まり一般原理が導出されていくことを好みます。本書は講師や著者向けの本ではないため、ボトムアップのアプローチを採用します。そこで、まず1章において、ベイズの定理が日常的な場面でどのように役立つか、いくつか例を挙げて説明します。その後の章で、それらの例を詳細に吟味していきます。本書が数多くの例を含むのには理由があります。病気の診断の例からベイズの定理の本質をつかむことができる読者がいる一方で、コイントスの例を使ってそれが「公正であるか」「偏りがないか」を明らかにする方がしっくりくる読者もいるでしょう。いくぶん冗長であるように思われるかもしれませんが、弁解するつもりはありません。それぞれの例は自己完結しているため、それぞれ独立して読むことができます。そのため、必然的に本書はいくぶん繰り返しを含みますが、そのことは、入門書が持つべき明快さのために払うべき小さな代償だと考えています。

謝辞

　原稿を読んでくれた友人および同僚に感謝します。とくに、David Buckley, Nikki Hunkin, Danielle Matthews, Steve Snow, Tom Stafford, Stuart Wilson, Paul Warren, Charles Fox, そして2.6節における医学検査の例を提案してくれた John de Pledge に感謝します。また、Python のソースコードを提供してくれた Royston Sellman、R のソースコードを提供してくれた Patricia Revest に深く感謝します（本書には Python および R のソースコードは掲載されていません）。誤りを訂正するメールを送ってくれた読者の方々にも感謝します。そして、私の妻である Nikki Hunkin へ。彼女が執筆に与えてくれたアドバイスと、生活のありとあらゆる側面にベイズ推論を適用してみていたのを許容してくれたことに感謝します。

Jim Stone,
Sheffield, England.

本書の補足情報

本書の補足情報は、以下から辿れます。

URL https://gihyo.jp/book/2023/978-4-297-13413-6

▌本書を読むための事前のヒント　監訳者序言に代えて

　本書はベイズ分析の入門書です。原著者のジェームズ・V・ストーン博士は、情報理論や計算論的神経科学の研究者であり、近年は、情報理論や人工知能やそれらの基礎となる分野の入門書を多数出版して好評を博しています。本書もそうした入門書の1冊であり、ストーン博士ならではの独特の解説方法で、ベイズ分析の基礎であるベイズの定理を、読者が直感的に理解できるようにしてくれる本です。

　本書の訳者たちは、本書の原書を読んだとき、ベイズ分析に関して、それまで腑に落ちていなかったことが腑に落ちて感動しました。原著者が本書の「日本語版に寄せて」で言及している「ひらめき」はたしかに得られたのでした。そこで訳者たちは、その感動を日本語訳を通して多くの人にも体験してもらいたいと考え、本書の翻訳が企画され、いまこうして成書となりました。

　本書は、一部のAppendixを除き、ほとんどの箇所は、高校数学に収まる範囲の数学だけを用いて、ベイズの定理の神髄を、多数の例や図解を通して解説します。実は一般には、確率に関係する話は、大学で学ぶような数学を使わないと厳密な形で展開することはできません。そのため、本書ほど数学の範囲を限定したままでベイズの定理の奥深いところまで解説することが試みられることはめったになく、その点で本書は稀有な本です。

　本書のその稀有なアプローチには、しかし、戸惑う読者もいるかもしれません。そこで以下に、短いながらも、本書を読むにあたってのヒントを記します。事前の知識をうまく活用するのがベイズ分析ですので、それになぞらえて、こうした「事前」のヒントもうまく活用してもらえると幸いです。

　本書では、詳しい議論をする際にはつねに確率分布を扱います。確率分布を厳密に扱おうとするならば、通常は、かなり高度な数学が必要となってきます。それに対して、本書で扱われる確率分布は、高校数学で習う確率分布の理解を基本としておけば十分理解できるものとなっており、それより高度な数学的

な道具立ては（Appendixの一部を除いて）ほとんど使われません。

　たとえば（本書からの例ではないですが）、歪みがなくて、目の出方に偏りの
ないサイコロを2回振るときに、そのうちで3の倍数が何回出るかを表す確率
変数をXとすると、高校数学では、次のような「確率分布表」を作り、それがこ
のXの「確率分布」を表していると考えます。

X	0	1	2
確率	$\dfrac{4}{9}$	$\dfrac{4}{9}$	$\dfrac{1}{9}$

　これに対して、本書の流儀では、$X = \{0, 1, 2\}$ と記すことにして、

$$p(X) = \left\{\frac{4}{9}, \frac{4}{9}, \frac{1}{9}\right\}$$

と書くことで確率分布表と同じ情報を表現し、この$p(X)$を（この場合はXの）
確率分布と呼びます。実に直感的な定義ですが、本書ではこれで議論を進めて
いきます。

　ここで、Xの値を入力と考えて、確率の値を出力と考えれば、自然と1つの
関数が定まることにも注意しておきます。その関数をたとえばfで表し、変数
をたとえばxとすれば、

$$f(x) = {}_2\mathrm{C}_x \frac{4}{9}\left(\frac{1}{2}\right)^x, \quad x = 0, 1, 2$$

と数式でも表現することができます。それに対して本書では、そのような形で
関数が表現されることは稀であり、したがって、いま例示したような数式の理

解も（一部のAppendixを除いて）読者に要求しません。

　実のところ本書の原書では、確率関数（*probability function*）と確率密度関数（*probability density function*）という言葉が使われているときに、関数を表す数式が明示的に登場することはほとんどなく、しかも、それらの言葉は、（関数ではなく）確率分布そのものを指していました。しかしながらその用語法は、日本の読者にとってはわかりにくいと判断し、それらの「関数」が確率分布のみを指しているときは、本翻訳では「確率分布」という言葉をあてています。

　いずれにしましても、本書では、詳しい議論をする際につねに登場する確率分布を上で述べたような実に単純な形で定義したうえで、複雑な数式展開にほとんど入り込まないまま、ベイズの定理の大切な性質を論じ切ります。著者のその筆力は、驚くべきものです。

　また、本書では、特段の予備知識がなくてもわかりやすい例示が豊富に盛り込まれています。その点でも目を見張るものがあります。たとえば、試しにp.28の図1.11の錯視をご覧ください。そこで紹介されている錯視そのものにも驚くかもしれませんが、それよりも、それがいったいベイズの定理とどのような関係があるのでしょう。それは、本文を読んでのお楽しみです。

　冒頭近くで述べたことをもう一度繰り返せば、本書は、独特の解説方法で、ベイズ分析の基礎であるベイズの定理を、読者が直感的に理解できるようにしてくれる本です。この日本語訳を手に取られた読者の一人一人におかれても、訳者たちがそうであったように、本書を読むことで、ベイズの定理に関するさまざまなことが腑に落ちることを大いに期待しています。

岩沢 宏和

2章

図解でわかるベイズの定理

3章

離散パラメーターの推定

4章

連続パラメーターの推定 76

5章

正規分布のパラメーター推定 …………………………………… 100

Appendix

賭け事の考察から始まった科学の一分野が、
人知の最も重要な対象となったことは、驚くべきことである。

——Pierre-Simon Laplace, 1820 ※

※ 訳注 『Théorie analytique des probabilités』(*Analytic Theory of Probability*) の初版は 1812 年で、この言葉は 1820 年の版以降で登場しています。

1章

ベイズの定理への招待

はじめに
ベイズの定理について

　ベイズの定理（*Bayes' rule*）は、数学的に保証された一手法であり、事前の経験や知識に照らして証拠から判断を行うのに使われます。この定理はトーマス・ベイズ（*Thomas Bayes*, 1701-1761）によって発見され、それとは独立して、ピエール＝シモン・ラプラス（*Pierre-Simon Laplace*, 1749-1827）によっても発見されました **図1.1**。2世紀以上にわたる論争で、ベイズの定理は称賛と批判の両方を浴びてきましたが、近年では幅広い応用分野で、強力な数学的道具とし

トーマス・ベイズ　　　　ピエール＝シモン・ラプラス
（1701-1761）　　　　　　（1749-1827）

図1.1　　　ベイズの定理を生み出した二人

て力を発揮しています。その応用範囲は、遺伝学[2]、言語学[12]、画像処理[15]、脳画像処理[33]、宇宙論[17]、機械学習[5]、疫学[26]、心理学[31, 44]、法科学[43]、人間の物体認識[22]、進化[13]、視覚[23, 41]、生態学[32]、さらには架空の探偵であるシャーロック・ホームズの仕事[21]にまで及びます。史実によれば、ベイズ的手法はアラン・チューリング(*Alan Turing*)*¹によって第二次世界大戦中ドイツが使っていた「エニグマ」(*Enigma*)という暗号機による超難解な暗号を解読する際にすでに用いられましたが、これは最近まで秘密にされていました[16, 29, 37]。

上に示した応用における内部のしくみを理解するには、なぜベイズの定理が有用なのか、推論の数学的基盤をどのように構成しているのかを理解する必要があります。身近な例を使って説明する前に、まずはいくつかの基本原則を確立したうえで、ベイズの定理は安心して使えることを示しておきます。

基本原則

本章の例では、**確率**(*probability*)*²の厳密な意味について深く掘り下げることはしません。その代わり、特定の事象が発生する頻度に基づいた、かなり緩い概念を想定します。たとえば、袋に白玉が40個、黒玉が60個入っている場合、袋の中で黒玉が占める割合$(60/100=0.6)$を、黒玉を選ぶ確率と考えます。このことから、ある事象が発生する確率(**例** 黒玉を選ぶ確率)は、必然的に$0 \sim 1$の間の値をとることになります(0は事象が絶対に生じない、1は確実に生じる)。また、排反事象の集合を考える場合(**例** 白玉または黒玉のどちらかが選ばれるような場合)、それらの事象の確率を足し合わせた値は1にならなくてはなりません(**例** $0.4+0.6=1$)。確率という概念がやっかいだという点については7.1節でじっくり扱うことにします。

安心して使うための保証

これから例を挙げる前に、ベイズの定理に関する基礎的な事実を確認し、今後の議論を安心して進めていけるようにします。ベイズの定理は、「予想」ではありません。「定理」というからには、真であると証明された数学的な命題のことです。

★1 **訳注** イギリスの数学者・計算機科学者・哲学者。

★2 **訳注** 巻末のAppendix Aに簡単な説明がある用語は、**太字**(*xx*)の形式で示しています。

このことは、今後安心して議論を進めていくうえで重要な事実です。もし、確率
による計算方法を確立するのであれば、1 + 1 = 2であるのと同じく、現実世界に
おける日常的な経験と一致していなければなりません。幸い、コックス(*Richard
T. Cox*, 1946)[7]は、日常的な経験と一致する常識に基づく原理に従って確率を相
互に組み合わせるのであれば、ベイズの定理を含む一連の確率法則が導かれるこ
とを示しています。また、その集合はコルモゴロフ(*Andrey Kolmogorov*, 1933)
[24]による(より厳密な定式化とされる)確率論にも含まれます。

1.1
例1 病気の診断

患者の観点

ある日目が覚めたら、顔中に発疹ができていたとします。病院に行ってみる
と、医師によれば、天然痘に感染した人々の90％が同様の症状になるとのこと
です。言い換えると、天然痘に感染しているとしたら、この症状が現れる確率
は90％です。天然痘は致死性の病であり、当然恐怖を感じます *3。

しかし少し考えると、知りたいのは「症状が現れる確率」ではないことに気づ
きます(なにせその症状がすでに現れていることは知っています)。本当に知り
たいのは、天然痘に感染している確率です。

そこで、医師にこう尋ねます。「発疹の症状が出た場合に、天然痘に感染してい
る確率はいくらなのでしょうか」医師は「えー…少しお待ちください」と言い、しば
らく方程式をメモ帳に書き付けてから顔を上げて答えます。「発疹の症状が現れた
場合、天然痘に感染している確率は1.1％、数値でいえば0.011です」、そう聞い
てもたいしてうれしくはないでしょうが、90％という響きよりは良いでしょう
し、(もっと大事なのはここですが)少なくともそれは役に立つ情報です。また、
この事例では、感染しているときに症状が現れる確率(これを知りたいわけでは

★3 **訳注** いきなり病気の話でギョッとされるかもしれませんが、天然痘の予防接種である「種痘」(しゅと
う)はイギリス人であるエドワード・ジェンナー(*Edward Jenner*)によって開発されたため、イギリス
人である原著者には馴染み深い病気だったのかもしれません。

ない)と、症状が現れたときに感染している確率(これこそが知りたい)とでは、値もまったく違っています。

　ベイズの定理は、「一見役立ちそうで役に立たない確率」の値を、「実際に役に立つ確率」の値に変換します。上の例で、医師はベイズの定理を使いました。「天然痘に感染した場合に発疹が出る確率」という役に立たない値を、「発疹が出た場合に天然痘に感染している確率」という役に立つ値に変換したのです。

医師の観点

　さて、今度は医師の立場になって、発疹が出た患者を診断するものとします。患者の症状は、水疱瘡の症状とも一致しますが、危険性の高い天然痘の症状とも一致しています。医師はここで選択を迫られます。水疱瘡に感染した患者の80％に発疹が出ることを知っていますが、天然痘に感染した患者の90％もまた、発疹が出ることを知っています。したがって、患者が水疱瘡である場合にこの症状が現れる確率(0.8)は、患者が天然痘である場合にこの症状が現れる確率(0.9)と大差ありません **図1.2** 。

　もし経験に乏しい医師であったなら、水疱瘡も天然痘も同様に起こりやすいと考えてしまうかもしれません。しかし、経験豊富な医師であれば、天然痘はめったに起こらない一方、水疱瘡は一般的な病気であることを知っています。この知識、または「事前情報」(*prior information*)は、患者がどの病気に感染しているか推測するのに使用できます。推測の際は、症状から示唆される診断結果と事前知識を組み合わせることで、患者が感染しているのはおそらく水疱瘡であるという結論に至ることでしょう。この例をより具体的にするため、今度は数式を利用しながら、もう一度最初から全体を見ていきましょう。

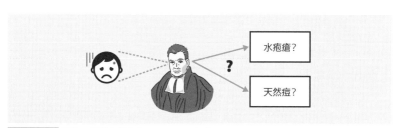

図1.2　　病気の診断を行うトーマス・ベイズ

医師の観点　数式あり

　公衆衛生に関する統計を利用することで、病気と関連するさまざまな確率を算出することができます。たとえば、天然痘と水疱瘡の感染者数、および感染者に現れた症状を各医師が調査報告しているものとします。この調査結果を用いることで、天然痘や水疱瘡と診断された患者の割合と、患者に現れた症状（発疹）の割合を簡単に割り出すことができます。仮にこれらのデータを使って、患者が天然痘に感染しているときに発疹が出る確率が90％（0.9）であることがわかったとしましょう。以降では、次のような数学的記法を使って、この確率の表現を段階的に簡素化していきます。

$$p(発疹が現れる|感染した病気が天然痘である) = 0.9 \qquad \text{式1.1}$$

p は「確率」（*probability*）を意味し、縦棒の「|」は「（縦棒の右にあるとおりの）条件の下では」という意味を持ちます。そのため、この省略表現によって、

　「**感染した病気が天然痘であるという条件の下では、
　発疹が現れる確率は90％である**」

ということが表現されています。縦棒は、患者に発疹が出る確率は、天然痘の感染に依存していることを表します。このため、発疹が現れる確率は、その原因と考えられる病気に対して「条件付き」（*conditional*）であると言われます。それが理由で、このような確率は**条件付き確率**（*conditional probability*）と呼ばれます。

　上に示した省略表現は、さらに簡潔に次のように表現できます。

$$p(発疹|天然痘) = 0.9 \qquad \text{式1.2}$$

同様に、水疱瘡に感染した患者の80％で発疹が観察されたなら、それは次のように書けます。

$$p(発疹|水疱瘡) = 0.8 \qquad \text{式1.3}$$

　式1.2 と **式1.3** は、患者が感染している病気を特定する際、症状のみに頼ってはいけない理由を数式で表しています。これらの式は、水疱瘡と天然痘の発生状況の違いについての事前知識を含まず、患者たちから観察された症状のみに基づいています。後で見ていくように、**式1.2** と **式1.3** のみに従って感染した病

気の判断を行うことは、2つの病気が同程度に発生している、すなわち経験によらずに等しく発生しやすいと仮定（ただし、今回においては正しくない仮定）した場合の判断と等しくなります。

条件付き確率$p($発疹|天然痘$)$は、患者が天然痘にかかったときに発疹が現れる確率です。誤解を招きやすい表現ですが、標準的な呼び方に従って、これを天然痘の「**尤度**」(*likelihood*)と呼びます。この例では、水疱瘡に比べて、天然痘は大きな尤度を持ちます。候補になりうる病気が2種類のみであるため、天然痘が最大の尤度を持つことになります。最大の尤度を持つ病気は、患者が感染している病気の**最尤推定値**(*maximum likelihood estimate*, MLE)と呼ばれ、この事例では天然痘です。

ここまで考察したとおり、患者が感染している病気を判断する際、事前に持っている経験や知識を軽視できません。それでは、どのように事前知識を現在得られている証拠（**例** 患者の症状）と結びつけるべきでしょうか。直感的に言っても、各病気の事前知識に応じて尤度を重み付けするのは理にかなっているように思われます **図1.3**。ただ、天然痘の感染は稀であるため、尤度への重み付けは小さくしたほうが良いでしょう。この重み付けにより、患者が天然痘に感染している確率に関して、より現実的な推定値を得ることができます。たとえば、公衆衛生の統計から、母集団 ★4 における天然痘の感染率が0.001、すなわちランダムに抽出された1人が天然痘に感染しているのは1000回に1回であること

....

★4 **訳注** 調査・検討の対象となる個体の集団全体を指します。

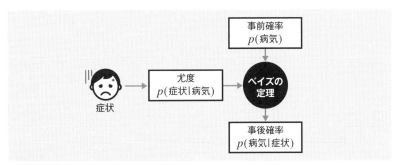

図1.3 **ベイズの定理の概略図**

データ（1.1節の例では症状）によって尤度（患者が特定の病気に感染した場合に、その症状が現れる確率）が決定される。ベイズの定理は尤度と事前知識を組み合わせることで、事後確率（その症状が観察される場合に、患者がその病気に感染している確率）を導き出す。

がわかるかもしれません。その場合、ランダムに抽出した1人が天然痘に感染している確率は以下のように表されます。

$$p(天然痘) = 0.001 \qquad \boxed{\text{式1.4}}$$

この式は、母集団における病気の感染状況に関して、私たちが持っている事前知識を表しています。この確率を、任意の個人が天然痘に感染している**事前確率**(*prior probability*)と呼びます。医師のところに来た患者も、症状が観察される前の時点では、天然痘に感染している可能性は他の人と同程度であることから、その事前確率は0.001です。

上に示した直感的な方法に従い、各尤度を事前確率で重み付ける(掛け合わせる)ことで、現在得られた証拠と、各病気に関する事前知識の両方を考慮した「重み付き尤度」(*weighted likelihood*)が得られます。この方法により、ベイズの定理が導出できます。とはいえ、下に示すベイズの定理の具体的な式がどのように導出されるかまでは明白でないので、現時点では「ともかくこれは成り立つ」と思ってください。天然痘の場合は、ベイズの定理は次のように表されます。

$$p(天然痘|発疹) = \frac{p(発疹|天然痘) \times p(天然痘)}{p(発疹)} \qquad \boxed{\text{式1.5}}$$

$\boxed{\text{式1.5}}$ の右辺の分母 $p($発疹$)$ は母集団で発疹の症状がある人々の割合であり、したがって、1人をランダムに抽出した場合に、その人に発疹の症状がある確率を表します。p.16で説明するように、この項を無視することもよくありますが、ここでは合計値がきちんと1となるように、$p($発疹$)$ の値を0.081と想定します。これまで示してきた値を式に代入すると、次の値が得られます。

$$p(天然痘|発疹) = \frac{0.9 \times 0.001}{0.081} \qquad \boxed{\text{式1.6}}$$
$$= 0.011 \qquad \boxed{\text{式1.7}}$$

この値は、発疹の症状が現れたという条件の下で、その患者が天然痘に感染している条件付き確率です。

重要なのは、重み付き尤度である $p($天然痘$|$発疹$)$ もまた条件付き確率ではありますが、発疹の症状が現れたという条件の下で、その患者が天然痘に感染している確率であるということです $\boxed{\text{図1.4}}$ 。したがって、ここで行われたのは、事前知識を利用することで、「特定の病気に感染した場合に症状が現れる条件付

き確率」（尤度と呼ばれ、入手可能な証拠のみに基づくもの）を、より役立つ条件付き確率、すなわち、「ある症状（発疹）が現れた場合にその患者が病気（天然痘）に感染している条件付き確率」へと変形することでした。

ベイズの定理を使って尤度 $p($ 発疹 $|$ 天然痘 $)$ から変形した条件付き確率を、これまで「重み付き尤度」と呼んできましたが、正式には**事後確率**（*posterior probability*）と呼び、$p($ 天然痘 $|$ 発疹 $)$ のように書きます。

上で述べてきたように、$p($ 天然痘 $|$ 発疹 $)$ と $p($ 発疹 $|$ 天然痘 $)$ は両者とも条件付き確率であり、数学的観点からは同種のものです。しかし、ベイズの定理を巡っては、両者の扱いは大きく異なります。

条件付き確率 $p($ 発疹 $|$ 天然痘 $)$ は、観測データ（症状）のみに基づきます。このため、本当にほしい条件付き確率よりも得るのが容易です。本当に知りたいのは、観測データのみでなく、事前知識にも基づく条件付き確率 $p($ 天然痘 $|$ 発疹 $)$ です。歴史的経緯により、この2つの条件付き確率には特別な名前が付いています。すでに見てきたように、条件付き確率 $p($ 発疹 $|$ 天然痘 $)$ は患者が天然痘に感染している場合に発疹が現れる確率であり、天然痘の「尤度」と呼ばれます。相補的な関係にある条件付き確率 $p($ 天然痘 $|$ 発疹 $)$ は、発疹が現れている

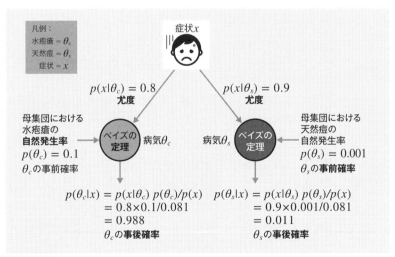

図1.4 ベイズ推論を用いた、水疱瘡と天然痘に感染している確率の比較

尤度によると、観察された症状 x は、水疱瘡（*chickenpox*）の症状 θ_c よりも天然痘（*smallpox*）の症状 θ_s とつじつまがあっている。しかし、母集団における水疱瘡の自然発生率は天然痘よりも高い。事後確率でも示されているように、このケースでは、患者は水疱瘡に感染している確率のほうが高い。

場合にその患者が天然痘に感染している確率であり、「事後確率」と呼ばれます。本質的にベイズの定理は、事前観測データに基づく尤度と事前の経験（事前確率）を掛け合わせ事後確率の形でこれらのデータを解釈するために使われます。このプロセスを「ベイズ推論」（*Bayesian inference*）と呼びます。

最良推論エンジン

ベイズ推論というプロセスから正しい答えが得られるとは保証されていません。ベイズ推論から得られるのは、候補となる多数の答えそれぞれが真である確率であり、それらの確率を使うことで、真である確率が最も高い答えを見つけることならできます。別の言い方をすれば、ベイズ推論から得られるのは、情報に基づいた推測です。このことはたいしたことでないように見えるかもしれませんが、あてずっぽうの推測とは大違いです。それどころか、他のどんな手続きをとっても、より良い推測に至ることはできないことが証明できます[*5]。そのためベイズ推論は、最良推論マシンないし最良推論エンジンとでもいうものが推論を生み出すプロセスだと解釈してよいと言えます（4.9節を参照）。この最良推論エンジンもすっかりあてにできるわけではありませんが、他のどんなものよりもあてにできることが証明されているのです。

診断

診断を下すためには、原因として考えられる2つの病気両方の事後確率を知る必要があります。両者の事後確率さえ得られれば、それらを比較することで、観察された症状に基づいて、その原因として最も可能性が高い病気を選択できます。

母集団における水疱瘡の感染率が10％、すなわち0.1であるとしましょう。これは症状観察以前に持っている事前知識を表すものであり、

$$p(水疱瘡) = 0.1 \qquad \text{式1.8}$$

と書かれ、水疱瘡の「事前確率」と呼ばれます。

[*5] **訳注** ここで言う「良い推測」とは、推測した値が誤っている確率（誤り率）が小さい方法のことを表しています。

式1.6 で天然痘について計算したときと同様に、水疱瘡の尤度を事前確率によって重み付けすることで、次のように事後確率を求めることができます。

$$p(水疱瘡|発疹) = \frac{p(発疹|水疱瘡) \times p(水疱瘡)}{p(発疹)}$$
$$= \frac{0.8 \times 0.1}{0.081}$$
$$= 0.988 \qquad \textbf{式1.9}$$

図1.4 にまとめられているように、2つの事後確率は次のとおりです。

$$p(天然痘|発疹) = 0.011 \qquad \textbf{式1.10}$$

$$p(水疱瘡|発疹) = 0.988 \qquad \textbf{式1.11}$$

このように、患者が天然痘に感染している事後確率は0.011であり、水疱瘡に感染している事後確率は0.988です。端数処理で切り捨てられた部分の違いを無視すると、これらの和は1となります。

　患者が水疱瘡に感染していると確信することはできませんが、98.8％の確率で感染していると確信することはできます。この推測は、知られている限り最良であるというだけではなく、誤り率を最小化するという意味で、ありとあらゆる推測のうちで最良であると示すことができるものであり、最良推論エンジンによって生み出されるものといって差し支えありません。

　ここまでの議論をまとめてみましょう。各病気の発生状況に関する事前知識をすべて無視した場合、どの病気に感染しているのかは尤度を用いて判断せざるをえません。**式1.2** および **式1.3** で示した尤度からは、患者がおそらく天然痘に感染しているという診断が導き出されます。しかし、病気に関する事前情報を考慮することで、より多くの情報に基づいた決定を下すことができます。事前知識を考慮に入れると、**式1.10** と **式1.11** により、患者が感染しているのはおそらく水疱瘡であると示されます。しかも、患者は水疱瘡に感染している可能性が天然痘よりも実に89倍（＝0.988/0.011）高いとされます。後で見るように、この事後確率どうしの比は、ベイズ統計分析で重要な役割を果たします（1.1節, p.15）。

　事前の経験を考慮することで、証拠（発疹の症状）から可能性が最も高い病気が診断結果として導き出されます。事後確率の最大値に基づいた決定であるこ

とから、この診断を**最大事後確率**(*maximum a posteriori*, MAP)推定、**MAP推定**と呼びます。

　ベイズ推論を実行するために用いられる数式は「ベイズの定理」と呼ばれ、病気の診断の文脈では、次のように表されます。

$$p(病気|症状) = \frac{p(症状|病気)p(病気)}{p(症状)}$$

式1.12

覚えやすいように表現すると、

$$事後分布 = \frac{尤度 \times 事前分布}{周辺尤度}$$

式1.13

という形になります。分母の「周辺尤度」(*marginal likelihood*)は「証拠」(*evidence*)とも呼ばれ、後ほどより詳しく説明します。

ベイズの定理　仮説とデータ

　ここまでの議論における「症状の原因と考えられる病気」を「仮説」、「症状」を「(観測された)データ」と考えれば、ベイズの定理は次のような形をとります。

$$p(仮説|データ) = \frac{p(データ|仮説) \times p(仮説)}{p(データ)}$$

この式における「仮説」は、仮説が正しいという意味です。上のような形で書くことで、尤度と事後確率の対比がより鮮明となります。具体的には、「あるデータが実際に観測されたという条件の下で、提案された仮説が正しい確率」が事後確率、

$$p(仮説|データ)$$

式1.14

である一方、「仮説が正しいという条件の下で、そのデータを観測する確率」が尤度です。

$$p(データ|仮説)$$

式1.15

より簡潔な記法の導入

　ここで、ここまで定義した用語を簡潔に表記するために広く用いられている記法を導入しておきます。数学的に新たな概念は登場せず、ここまでの数式を書き直すだけです。観察された症状をx、その原因となる病気を、ギリシャ文字のθ（シータ）に天然痘（*smallpox*）の頭文字sを添え字として付けてθ_s*6とすれば、天然痘の尤度を表す条件付き確率 **式1.2** は、

$$p(x|\theta_s) = p(発疹|天然痘) = 0.9 \qquad 式1.16$$

と表すことができます。同様に、母集団における天然痘θ_sの自然発生率は事前確率として、

$$p(\theta_s) = p(天然痘) = 0.001 \qquad 式1.17$$

と表すことができ、症状の発生確率（周辺尤度）は、

$$p(x) = p(発疹) = 0.081 \qquad 式1.18$$

となります。

　これらの **式1.16** **式1.17** **式1.18** を、次の **式1.19**

$$p(天然痘|発疹) = \frac{p(発疹|天然痘) \times p(天然痘)}{p(発疹)} \qquad 式1.19$$

※ **式1.5** の再掲。

に代入すると、次の式が得られます。

$$p(\theta_s|x) = \frac{p(x|\theta_s) \times p(\theta_s)}{p(x)} \qquad 式1.20$$

水疱瘡についても同様に、

★6 　**訳注** 数式に登場する文字や記号については、Appendix Bにも一部説明があります。

$$p(x|\theta_c) = p(発疹|水疱瘡)$$
$$p(\theta_c|x) = p(水疱瘡|発疹)$$
$$p(\theta_c) = p(水疱瘡)$$

式1.21

と定義すれば、**式1.9** を書き直すことで、水疱瘡の事後確率

$$p(\theta_c|x) = \frac{p(x|\theta_c) \times p(\theta_c)}{p(x)}$$

式1.22

を得ることができます。添字なし「θ」で任意の病気(仮説)を表し、「x」で任意の観察された症状(観測データ)を表すと、ベイズの定理は次のように記述できます(ここでは乗算記号×も使わないようにしています)。

$$p(\theta|x) = \frac{p(x|\theta)p(\theta)}{p(x)}$$

式1.23

　ところで、天然痘は1979年に根絶され、地球上から根絶された最初の病気として歴史に刻まれていることを付記しておきます。すなわち、天然痘に感染する事前確率はこの1.1節の例で想定した$p(\theta_s)=0.001$よりも「多少」小さいことに留意してください。

- ――――　**パラメーターと変数**

　数学的にはどの記号が病気や症状を表すかに特別なところはなく、θが症状を表し、xが病気を表すことも同様に可能であることに注意してください。しかしながら、ベイズ統計学の文脈では一般に、θのようなギリシャ文字は推定したいものを表すのに使い、xはθの推定値の根拠となる証拠(症状など)を表すのに使います。同様に、やはり必然性はないものの標準となっている習慣に従えば、推定したいものを表す記号は通常**パラメーター**(*parameter*, θ)と呼び、推定に用いられる証拠は通常**変数**(*variable*, x)と呼びます。

モデル選択、事後オッズ、ベイズ因子

　上で述べたように、事前知識を考慮することで、患者が水疱瘡に感染している可能性は、天然痘と比べて約90倍(0.988対0.011)であることがわかりました。実

際のところ、2つの仮説（病気など）の相対的な確率を比較したい場面は多くあります。各仮説は、データに対する簡単なモデルの役割を果たし、その中から最も確からしいモデルを選択したいので、そうした確率の比較は「モデル選択」（*model selection*）と呼ばれ、比較には事後確率の比が用いられます。

この比は「事後オッズ」（*posterior odds*）と呼ばれ、たとえば仮説 θ_c と θ_s の間の事後オッズは次のとおりです。

$$R_{post} = \frac{p(\theta_c|x)}{p(\theta_s|x)}$$

式1.24

ベイズの定理を分子と分母に適用すると、

$$R_{post} = \frac{\frac{p(x|\theta_c)p(\theta_c)}{p(x)}}{\frac{p(x|\theta_s)p(\theta_s)}{p(x)}}$$

式1.25

となり、周辺尤度 $p(x)$ は相殺されるため、

$$R_{post} = \frac{p(x|\theta_c)}{p(x|\theta_s)} \times \frac{p(\theta_c)}{p(\theta_s)}$$

式1.26

となります。これは、2つの比の掛け算です。一つは次のような尤度の比で、ベイズ因子（*Bayes factor*）★7 とも呼ばれます。

$$B = \frac{p(x|\theta_c)}{p(x|\theta_s)}$$

式1.27

もう一つは次のような θ_c と θ_s の事前確率の比で、「事前オッズ」（*prior odds*）と呼ばれます。

$$R_{prior} = \frac{p(\theta_c)}{p(\theta_s)}$$

式1.28

以上から、事後オッズはベイズ因子と事前オッズの掛け算として次のように表

★7　**訳注** ベイズ因子は、ここでは単純に尤度の比として定義されていますが、「各モデルの周辺尤度の比」がより一般的な定義です。ここでは、モデルがパラメーター1つ（仮説 θ_c もしくは θ_s）で表されるため、単純な尤度比として計算されています。

せます。

$$R_{post} = B \times R_{prior}$$

言葉で言えば事後オッズ＝ベイズ因子×事前オッズということであり、この1.1節の例では事後オッズは次のようにして得られます。

$$R_{post} = \frac{0.80}{0.90} \times \frac{0.1}{0.001} = 88.9$$

尤度比（ベイズ因子）は1より小さい値をとり（それゆえ仮説θ_sを支持し）、事前オッズは1よりかなり大きい値をとって（それゆえ仮説θ_cを支持して）いますが、結果としては、この2つの比の積である事後オッズは、仮説θ_cを強く支持する値となっていることに注意してください。事後オッズが3より大きい、もしくは、1/3より小さいといった場合（いずれの場合でも、一方がもう一方よりも3倍以上の確率で確からしい）、2つの仮説の確率の間には大きな差があると考えられます[19]。したがって、この1.1節の例における88.9という事後オッズは2つの仮説にはっきりと大きな差があることを表しています。

周辺尤度について

「診断」の節で予告したとおり、周辺尤度$p($ 症状 $)$や$p(x)$についてここで少し考察します（後の2章および4.5節で再び言及します）。この1.1節の例で周辺尤度とは、ランダムに抽出した1人に症状が観察される確率を表し、母集団における発疹の発生状況のことだと解釈できます。

重要なのは、患者が感染している病気の診断が、各病気の事後確率の「相対的な」大きさ（たとえば 式1.10 と 式1.11 や 式1.20 と 式1.22 ）にのみ依存しているということです。これらの事後確率は、式1.5 と 式1.9 では$1/p($ 症状 $)$に比例し、式1.20 と 式1.22 では$1/p(x)$に比例していることに注意してください。これは、周辺確率$p($ 症状 $)$の値（周辺尤度）の変化は、すべての事後確率を同じ割合で変化させるので、「相対的な」大きさに関しては影響を与えないということです。周辺尤度0.081を、何倍でもよいですが、たとえば2倍にして0.162にしたとすると、2つの事後確率とも半分になります（0.011と0.988が約0.005と0.494となる）。しかし、水疱瘡の事後確率は依然として天然痘の事後確率の

88.9倍の大きさです。実のところ、ベイズ因子に関する前節の内容は、2つの事後確率の比が、周辺確率の値とは**独立**(*independence*)しているという事実によっています。

　要するに、周辺確率の値は、どの病気が最も大きな事後確率（ 式1.10 式1.11 など）をとるかには影響しません。それゆえに、患者が感染している可能性が高い病気を判断するのにも影響を与えません。

1.2

例2 言葉の聞こえ方

　上で挙げた例は病気の診断に関するものでしたが、ベイズの定理は、測定値に不確定さがあれば、どんな状況にも適用できます。言葉が発せられたときに耳に届く音声信号もその一例です。以下に具体例を紹介しますが、議論の進み方は先に紹介したものと同様ですし、文脈の違いを別にすれば、読者が吸収すべき新しい知識もありません。

　たとえば、ロンドン育ちの男性が、庭いじりのためにフォークハンドル(*fork handles*, スコップの柄)を買おうと思って雑貨店に入って「フォークハンドルはあるかい」と尋ねると、ロウソクが4本(*four candles*, フォー・キャンドル)出てきて驚いた、なんていうこともあるかもしれません[*8]。ロンドン訛りではフォークハンドルとフォー・キャンドルが音声としてほとんど同一ですが、店員は、フォークハンドルよりロウソクを売る機会のほうがずっと多いことを知っています 図1.5 。そのことからすれば、おそらく店員には、フォークハンドルという語には聞こえもせず、フォー・キャンドルと聞こえます。このこととベイズの定理とは何か関係があるでしょうか。

　客が発した音に対応する音声データは、フォークハンドルとフォー・キャンドルという2つの解釈のどちらにも同程度に合致していますが、店員は一方の解釈の重み付けだけを高くしています。この重み付けの元となっているのは事前の経験です

[*8] **訳注** この話は、イギリスBBCで放映されたコメディ番組『The Two Ronnies』(1971)におけるワンシーンが元ネタとなっています。

図1.5 ロンドン訛りの表現を聞き取ろうとしているトーマス・ベイズ

ロンドン訛りでは「h」の発音が「handle」から脱落し、フォークハンドル(*fork handles*)が「fork 'andles」のように発音される。そのため、「フォークハンドル」が「フォーキャンドル」(*four candles*)のように聞こえることがある。

から、店員には、客が注文するならフォークハンドルよりもロウソク4本(フォー・キャンドル)のほうが可能性が高いということがわかっているのです。事前の経験のおかげで店員には、音声データがひどく曖昧な場合でさえ、客が言った可能性が高い言葉が聞こえます。店員は、とくに自覚することなく、ベイズの定理のようなものを用いて、客が言った可能性が高い言葉を聞き取ったのでしょう。

尤度

　客が発声することができるフレーズが、フォー・キャンドルとフォークハンドルの2つであるとした場合、それぞれのフレーズが発せられたという条件の下で特定の音声データが発生する確率を考えることで、上記のシナリオを定式化できます。どちらの場合も、その音声データが発生する確率は発話されたフレーズに依存しますが、その依存関係を明示的に表現すれば、次の2つの確率となります。

❶客が「フォー・キャンドル」と言った場合に、その音声データが発生する確率
❷客が「フォークハンドル」と言った場合に、その音声データが発生する確率

　これを簡潔に表現すると、

$$p(音声データ|フォー・キャンドル)$$
$$p(音声データ|フォークハンドル)$$

式1.30

となり、$p($音声データ$|$フォー・キャンドル$)$ という表現のほうで言えば、発せられたフレーズがフォー・キャンドルである場合の尤度のことを指します。フ

レーズは両方とも、音声データとは合致しているため、どちらの場合のデータの発生確率もほとんど同じです。すなわち、客が言ったのがフォー・キャンドルだった場合にその音声データが発生する確率と、フォークハンドルだった場合にその音声データが発生する確率とはほぼ同じであるということです。ここでは簡単に考え、これらの確率は次のとおりだとします。

$$p(音声データ|フォー・キャンドル) = 0.6$$
$$p(音声データ|フォークハンドル) = 0.7 \qquad \text{式1.31}$$

こうした尤度の値を知ることで、ある答えは得られますが、それは間違った問いに対する答えです。各尤度によって答えがわかる(間違った)質問は「各フレーズが発せられたときに、観測されたとおりの音声データが発生する確率はいくらか」というものです。

事後確率

　正しく、そして答えが知りたい問いは、「可能性のある2つのフレーズの発せられた確率は、観測された音声データの条件の下ではいくらか」というものです。この問いに対する答えは、次の2つの新たな条件付き確率、すなわち事後確率によって示されます 図1.6 図1.7 。

$$p(フォー・キャンドル|音声データ)$$
$$p(フォークハンドル|音声データ) \qquad \text{式1.32}$$

式1.31 と 式1.32 との間の微妙な違いに留意してください。 式1.31 によって与えられるのは尤度、すなわち、各フレーズの条件の下で音声データが発生する確率であり、この1.2節の例ではフレーズごとに大きな違いがないとわかります。それに対し、 式1.32 によって与えられるのは事後確率、すなわち、その音声データの条件の下で、各フレーズが発せられた確率です。

　重要なのは、各尤度が示しているのは特定のフレーズが発せられたという条件の下で、データが発生する確率であって、それまでフレーズがどれだけの頻度で発せられてきたか(すなわち、そのフレーズに遭遇してきたか)は考慮されていないということです。それに対し、事後確率のほうは、尤度の形で表されたデータのみではなく、各フレーズに過去にどれだけ遭遇したか、すなわち事

前の経験にも依存します。

　要するに事後確率を知りたい一方で、手元には尤度があるという状況です。そして幸い、ベイズの定理のおかげで、事前の経験として持っている知識を利用し、尤度から事後確率を導く手段が与えられるのです **図1.6** 。

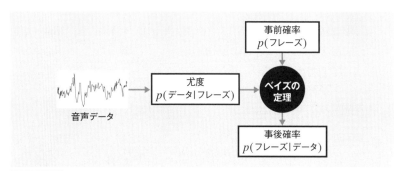

図1.6　　ベイズの定理の概略図

音声データは尤度、すなわち、あるフレーズが発せられた場合に音声データが発生する条件付き確率を算出するのに用いられる。ベイズの定理を用いて、この尤度と事前知識を組み合わせることで、結果として事後確率を得ることができる。事後確率は音声データが観測されたという条件の下で、フレーズが発せられた確率を示す条件付き確率を指す。

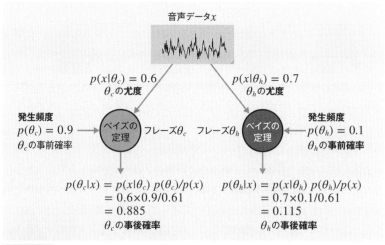

図1.7　　発声データに対するベイズ推論

事前確率

これまでに店員がロウソクを4本（フォー・キャンドル）ほしいと言われたのは90回で、フォークハンドルは10回のみであったと仮定しましょう。ここでは、簡単に考えるため、次に来る客はロウソク4本かフォークハンドルかのどちらかを求めるものとします（この簡略化については後ほどまた触れます）。したがって、次の客が言葉を発する前の時点では、店員は客が各フレーズを口にする確率を以下のように推定しています。

$$p(\text{フォー・キャンドル}) = \frac{90}{100} = 0.9$$

$$p(\text{フォークハンドル}) = \frac{10}{100} = 0.1 \qquad \boxed{\text{式1.33}}$$

これら2つの事前確率は、その店員の事前知識を表しており、顧客の発言に関わるそれまでの経験に基づきます。

店員が2つの解釈を持ちうる音声を聞いたとき、「フォー・キャンドル」と解釈するのが自然です。過去の経験に基づけば、このような曖昧な音声が意味するのは通常「フォー・キャンドル」だからです。したがって、店員は2つのほぼ等しい尤度の値を元に、それぞれに対して過去の経験に基づいた重み付けを行っています 図1.7 。言い換えると、店員は音声データを用い、それを過去の経験と組み合わせることで、どのフレーズが発せられたかを推論しているのです。

推論

この重み付けを実行する（すなわちこの推論を行う）一つの手法は、各フレーズの尤度と、各フレーズが過去にどのくらいの頻度で発生したかを単に掛け合わせることです。つまり、対象となる各フレーズの尤度とそのそれぞれに対応する事前確率を掛け合わせるのです。その結果、次のように各フレーズの事後確率が得られます。

$$p(\text{フォー・キャンドル}|\text{データ}) = \frac{p(\text{データ}|\text{フォー・キャンドル})p(\text{フォー・キャンドル})}{p(\text{データ})}$$

$$p(\text{フォークハンドル}|\text{データ}) = \frac{p(\text{データ}|\text{フォークハンドル})p(\text{フォークハンドル})}{p(\text{データ})} \qquad \boxed{\text{式1.34}}$$

これらの式で、$p($データ$)$ は周辺尤度であり、観測されるとおりのデータが発生する確率を示します。

事後分布の合計が1となるように、この1.2節の例で$p($データ$)$ は0.61とします。ただし、1.1節ですでに見てきたように（p.16）、目的のためにこの値は重要ではありません。**式1.31** **式1.33** で定義された尤度と事前確率を **式1.34** に代入することで、次のように事後確率が得られます。

$$p(\text{フォー・キャンドル}|\text{データ}) = \frac{p(\text{データ}|\text{フォー・キャンドル})p(\text{フォー・キャンドル})}{p(\text{データ})}$$

$$= \frac{0.6 \times 0.9}{0.61} = 0.885$$

$$p(\text{フォークハンドル}|\text{データ}) = \frac{p(\text{データ}|\text{フォークハンドル})p(\text{フォークハンドル})}{p(\text{データ})}$$

$$= \frac{0.7 \times 0.1}{0.61} = 0.115$$

前の例と同様に、記号を

$$x = \text{音声データ}$$
$$\theta_c = \text{フォー・キャンドル}$$
$$\theta_h = \text{フォークハンドル}$$

と定義することによって、先ほどの式を、次のようにより簡潔に表記することができます。

$$p(\theta_c|x) = \frac{p(x|\theta_c)p(\theta_c)}{p(x)} = 0.885$$
$$p(\theta_h|x) = \frac{p(x|\theta_h)p(\theta_h)}{p(x)} = 0.115$$

式1.35

これら2つの事後確率は、「正しい問い」に対する答えとなっており、客がフォー・キャンドルと言った確率が0.885である一方、フォークハンドルと言った確率は0.115であることがわかります。フォー・キャンドルの場合に事後確率が最大値をとることから、フォー・キャンドルが、発せられたフレーズの最大事後確率（MAP）推定値です。このように、証拠（音声データ）を用いて、事後確率を算出するプロセスを「ベイズ推論」と呼びます。

1.3

例3 コイントス

　以下の例も、ここまで挙げた例と同じ論理に従います。ただし、これまでの例に加えて、コイントスのような独立事象の確率を組み合わせる方法も具体的に紹介します。後でわかるように、その方法はさまざまな文脈で重要であり、本書でこのあとで扱う例でも重要になります。

　1.3節の例における課題は、たった2回のコイントスに基づいて、そのコインがどれくらい偏っているかを判断することです。通常は、公正な、すなわち偏り（*bias*）がないコインを想定するので、コイントスを多数（たとえば1000回）行うと、表面が出る回数と裏面が出る回数はほぼ同じになります。しかし、ここではコイン製造機に欠陥があり、各コインは片面により多くの金属を含むこととなった結果、裏面より表面が出やすいものと、表面より裏面が出やすいものとができるものとします。具体的には、その機械から製造されるコインの25%には0.4の偏りがあり、75%には0.6の偏りがあります。ここで、0.4の偏りがあるコインというのは、平均的に見て、コイントスのうち40%で表面が出るものであり、0.6の偏りがあるコインというのは60%のトスで表面が出るものとします。このとき、コインを1枚ランダムに選び、そのコインの偏りの値が0.4と0.6のうちのどちらであるかの判断を試みます **図1.8** 。ここでは、コインの偏りをパラメーターθで表し、各コインのθの真の値は$\theta_{0.4}=0.4$もしくは$\theta_{0.6}=0.6$のどちらかであるものとします。

図1.8 　コインの偏りの大きさを推測しようとしているトーマス・ベイズ

■──── 1回のコイントス

ここでは、コイントスを1回行う例を用いて、今後の議論に必要となる用語をいくつか定義します。各コイントスでは、とりうる結果は表面 x_h と裏面 x_t の2つです [*9]。たとえば、コインの偏りが $\theta_{0.6}$ であるとき、トスの結果、表面が出る条件付き確率は $\theta_{0.6}$ であり、次のように記されます。

$$p(x_h|\theta_{0.6}) = \theta_{0.6} = 0.6 \qquad \boxed{\text{式1.36}}$$

同様に、裏面が出る条件付き確率は、

$$p(x_t|\theta_{0.6}) = (1 - \theta_{0.6}) = 0.4 \qquad \boxed{\text{式1.37}}$$

であり、これらの条件付き確率は尤度です。なお、これまでの例と同様の慣例に従い、推定したいパラメーターを θ で表し、θ の真の値を推定するのに使うデータを x で表しています。

■──── 2回のコイントス

偏り θ（θ はたとえば 0.4 か 0.6）を持つコインを考えます。コイントスを2回行って、まず表面 x_h、続いて裏面 x_t が出たとします。その結果により、順序付きリスト、もしくは「順列」（*permutation*）、

$$\mathbf{x} = (x_h, x_t) \qquad \boxed{\text{式1.38}}$$

が定まります。各コイントスの結果は、他のコイントスの結果から影響を受けないため、これらの結果は「独立である」（*independent*）と呼ばれます（2.2節やAppendix Cを参照）。独立であるということは、どのような2回の結果の確率も、次のように、それぞれの結果の発生確率を掛け合わせることで得られることを意味します。

$$p(\mathbf{x}|\theta) = p((x_h, x_t)|\theta) \qquad \boxed{\text{式1.39}}$$
$$= p(x_h|\theta) \times p(x_t|\theta) \qquad \boxed{\text{式1.40}}$$

より一般化して考えると、偏りが θ のコインで表面 x_h が出る確率は、$p(x_h|\theta) = \theta$、裏面 x_t が出る確率は $p(x_t|\theta) = (1-\theta)$ です。したがって、$\boxed{\text{式1.40}}$ は、

[*9] 訳注 「h」は表（head）、「t」は裏（tail）を表します。

$$p(\mathbf{x}|\theta) = \theta \times (1 - \theta) \qquad \text{式1.41}$$

と表せ、この書き方は以降の解説で役に立つことがわかります。

■─── コインの偏りごとの尤度

式1.41 によると、コインの偏りが $\theta_{0.6}$ であるならば、

$$
\begin{aligned}
p(\mathbf{x}|\theta_{0.6}) &= \theta_{0.6} \times (1 - \theta_{0.6}) & \text{式1.42} \\
&= 0.6 \times 0.4 & \text{式1.43} \\
&= 0.24 & \text{式1.44}
\end{aligned}
$$

であり、$\theta_{0.4}$ であれば、

$$
\begin{aligned}
p(\mathbf{x}|\theta_{0.4}) &= \theta_{0.4} \times (1 - \theta_{0.4}) & \text{式1.45} \\
&= 0.4 \times 0.6 & \text{式1.46} \\
&= 0.24 & \text{式1.47}
\end{aligned}
$$

であり、結果の値は同じです。これらの2つの計算の違いは、**式1.43** と **式1.46** とで掛け算の順序が逆になっていることのみであり、どちらの θ の値も尤度の値が同じであることに注意してください。言い換えると、観測されたデータ x は $\theta_{0.4}{=}0.4$ と $\theta_{0.6}{=}0.6$ のどちらを想定したとしても同程度に起こりやすく、そのため、選んだコインがどちらの偏りのものであるかを判断するには役に立ちません。

■─── コインの偏りごとの事前確率

全コインのうち25%が $\theta_{0.4}$ の偏りを持ち、75%が $\theta_{0.6}$ の偏りを持っていることは（上で述べた前提から）わかっています。したがって、コインを選ぶ前の段階であっても、「コインの偏りが0.6である確率は75%である」といったたぐいのことは知っています。この情報により、各コインの2つの偏りに関する事前確率、すなわち $p(\theta_{0.4}){=}0.25$, $p(\theta_{0.6}){=}0.75$ が定まります。

■─── コインの偏りごとの事後確率

ここまで見てきた例と同様に、各尤度の値を対応する事前確率で単純に重み付けをする（とともに $p(x)$ で割る）という素朴な方法を使って、以下のベイズの定理の式が得られます。

$$p(\theta_{0.4}|\mathbf{x}) = \frac{p(\mathbf{x}|\theta_{0.4})p(\theta_{0.4})}{p(\mathbf{x})}$$
$$= \frac{0.24 \times 0.25}{0.24}$$
$$= 0.25 \qquad \boxed{\text{式1.48}}$$

$$p(\theta_{0.6}|\mathbf{x}) = \frac{p(\mathbf{x}|\theta_{0.6})p(\theta_{0.6})}{p(\mathbf{x})}$$
$$= \frac{0.24 \times 0.75}{0.24}$$
$$= 0.75 \qquad \boxed{\text{式1.49}}$$

事後確率の和が1となるように、周辺確率の値を$p(x)=0.24$としました（ただし、1.1節で見たとおり、その値はコインの偏りに関する最終的な判断に違いをもたらしません）。 **図1.9** と **図1.10** で描かれているように、 **式1.48** と **式1.49** の確率は、データと事前経験の両方を考慮したもので、事後確率です。ここまでの議論をまとめてみます。この1.3節の例では、尤度が等しく（ **式1.44** と **式1.47** ）、尤度だけではコインの偏り $\theta_{0.4}$ と $\theta_{0.6}$ の間で選択できない場合を扱いました。このような場合であっても、事後確率（ **式1.48** と **式1.49** ）の値を比較すれば、$\theta_{0.6}$ である確率は $\theta_{0.4}$ である確率の3倍（$=0.75/0.25$）であることが示されます。

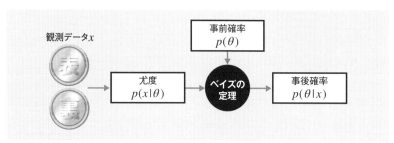

図1.9 2回のコイントスに基づいてコインの偏りを推定する問題にベイズの定理を適用する

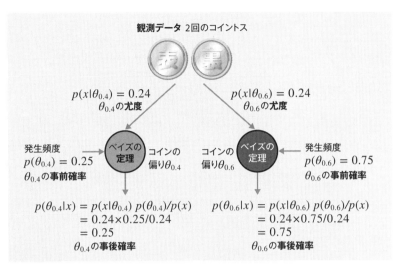

図1.10 コイントスのデータに対するベイズ推論

1.4

例4 クレーターか、丘か

図1.11 を見たとき、あなたはこれをクレーターだと思うでしょうか、それとも丘だと思うでしょうか。ここで、**図1.11** のページを逆さまにしてみましょう。こうすると、写真の中身は変わっていませんが、先ほどとは変わって見えるでしょう。この錯覚は、景色には上から光が照らされていると視覚系が想定するという事実によるものであることはほぼ間違いありません。その特性により、**図1.11** はクレーター、反転した場合は丘として認識されるのです（実際はクレーターです）[*10]。

ベイズの定理に即して表現すれば、画像データはクレーターと丘どちらに対しても等しく合致しており、どちらの解釈も最尤推定値となります。それゆえ、

[*10] **訳注** ここで紹介するクレーター錯視は、対象に凹凸の奥行きが存在する画像で発生する錯視の一種です。「光は上部から照らされている」という仮説（もしくは先入観）に基づき、私たちの脳は「対象の上部が明るく、かつ下部が暗ければ凸、その逆であれば凹」と判断します。

図1.11 クレーターか、丘か
本書を逆さまにしてみてください。
写真提供　the United States Geological Survey　**URL** https://www.usgs.gov

事前に何らかの仮説を持っていないなら、画像に写っているのがクレーターに見えるか丘に見えるかは半々の確率であって然るべきです。しかし、光が上から来ているという仮定が事前知識の役割を果たし、画像が逆向きか否かで、クレーターか丘かの解釈が決定します。この例の場合、画像自体には不確実性もノイズもないことに注意してください。画像は完全に明瞭であるにもかかわらず、光源に関する事前知識の付加がなければ、完全に曖昧でもあるのです。この例は、ベイズ推論が観測データに**ノイズ**(*noise*)がない場合でも有用であること、そして「見る」という一見単純な行為でさえ事前情報が必要であることを示しています[10, 40, 41, 42]。

> 我々は、「見る」ことは直接的に事実を捉えることであるかのように振る舞っていることが多いが、実際は違う。違うどころか、見ることは、不完全な情報からの推論にほかならない……。
>
> ──Edwin T. Jaynes, 2003[18]

1.5

順確率と逆確率

0.6の偏りがあるとわかっているコインがあるとすると、各コイントスで表面が出る確率は尤度$p(x_h|\theta)=0.6$によって与えられます。これは**順確率**（*forward probability*）の一例です。順確率では、既知の原因や事実の条件の下で、一連の結果（2回表面が出るなど）を構成するそれぞれの事象の発生確率を計算します **図1.12**。このコインを100回トスすると、表面が62回出るかもしれません。その場合に実際に表面が出た割合は$x_{true}=0.62$です。しかし、どんな測定も完全には信頼できないので、62回を64回として誤って数えるかもしれず、その場合は測定された割合は$x=0.64$となります。結果として、コインの真の偏りと測定された表面の割合には、ノイズと呼ばれる差が生じます。ノイズが生じるのは、コイントスが確率的現象であるための場合もあれば、表面が出た数を正確に測定することができないための場合もあります。ノイズの原因が何であれ、手に入れられる情報は測定された表面の回数のみであり、これを可能な限り賢明に使わなくてはなりません。

与えられた物理的なパラメーターやシナリオから行う前向きの推論（順推論）に対して、その逆向きの推論（逆推論）をするのは、順推論より難しく、その様

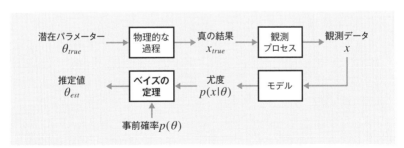

図1.12 順確率と逆確率

🔼 順確率。物理的な過程（コイントスなど）の中に潜在するパラメーターθ_{true}（コインの偏りなど）がx_{true}（表面の割合など）を生成する。x_{true}は不完全な観測過程を経てxとして測定される。

🔽 逆確率。x_{true}を生成する物理モデルが与えられたとき、測定値xはパラメーターθのとりうる値を示唆する。とりうるθの各値が与えられたときのxの確率は尤度を定める。事前確率と組み合わせることで、各尤度は事後確率$p(\theta|x)$を導く。この事後確率によって、θ_{true}の推定値θ_{est}を得ることができる。

子は 図1.12 に描かれています。測定値（コイントスや画像など）から逆推論を行うというのは、未観測の変数（コインの偏りや、3次元形状など）の値の事後確率、ないし**逆確率**（*inverse probability*）を求めることです。その際の未観測の変数は、通常、観測された測定値の原因です。喩えるなら、犯罪現場に到着した探偵は、現場に残された手がかりから逆推論を行わなくてはならず、その難しさはシャーロック・ホームズによって雄弁に語られています。

> ええと、たとえば、事の成り行きを細大漏らさず聞かされた場合、どんな結末に行き着くかはたいがいの者がわかるはずだ。一連の出来事を頭のなかで総合すれば、それらが次にどこへつながるかは容易に推測できるからね。ところが、結末しか聞かされていない状態で、そこへいたるまでの経緯を深い思考によって論理的に導きだせる者はめったにいない。これが僕の言う逆向きに推理する能力、すなわち分析的推理力なんだ。
>
> ——Arthur Conan Doyle, 1901
> 『緋色の研究　新訳版　シャーロック・ホームズ』
> （A. C. Doyle著、駒月 雅子訳、KADOKAWA、2014）

実のところ、逆確率を求めることこそ、ベイズの定理が果たすべきことなのです。

1章のまとめ

すべての判断は証拠を元に行われるべきですが、最良の判断は証拠のみでなく、事前の経験にも基づくべきです。ここまで挙げてきた例が示したのは、事前の経験が証拠の解釈にとって肝心であるということだけではありません。ベイズの定理が、その解釈のために厳密な方法を与えてくれるということもまた見事に示していました。

2章

図解でわかるベイズの定理

> 確率理論は、計算に還元された常識にほかならない。
>
> ──Pierre-Simon Laplace, 1814

2章のはじめに

　数学を記号で理解する人もいますが、それでも、そうした記号を幾何学的な図や絵に置き換えることができるなら、多くの場合、より深い理解が得られます。本章では、先に確率変数や確率の基本法則を導入してから、数種の異なる図式表現で確率を表すことで、それらの法則を支える論理を直感的に理解できるようにします。それらの法則をいったんしっかりと理解してしまえば、ベイズの定理はほんの数行の式変形で得られます。

2.1

確率変数

　前章と同様、コインの「偏り」は、コインを投げたときに表面が出る割合で表すことにします。また、ばらつきのある量(コイントスの結果など)の考え方にもこれまで十分触れてきました。そこで新たに、**確率変数**(*random variable*)という概念を導入しましょう。確率変数という言葉は歴史的な経緯でずっと使われていますが、代数学で使われる変数とは別物です。代数学での変数は、たと

えば $3x+2=5$ における変数 x のように、未知の定数であり、確定した値をもっており、方程式などを解いて値を求めることができます。

確率変数の各値は、1回の実験においてとりうる複数の結果のうちの一つと考えることができます。たとえば5回コイントスを行う実験であるなら、5つの表面・裏面の並び、たとえば列 $(x_h, x_h, x_t, x_t, x_h)$[*1] が得られます。この5つの並びをそのまま結果として扱うこともできますし、表面が出た回数を結果として扱うこともできます。表面が出た回数を扱うなら、確率変数 X(慣習に従って大文字で表記)は0〜5までの6つの値をとりえます。これらの値は要素の集まりを表現するための標準的な記法を用いて、

$$X = \{0, 1, 2, 3, 4, 5\}$$ **式2.1**

と表記されます。この集合を X の「標本空間」(*sample space*)と呼びます。たとえば $X=3$ である確率は、$p(X=3)$ と書き表されます。もう少し一般性のある表記にするなら、$x_0, x_1, \ldots$ という記号を使って、

$$X = \{x_0, x_1, x_2, x_3, x_4, x_5\}$$ **式2.2**

となり、$X=x_3$ をとる確率は、$p(X=x_3)$、もしくは単に $p(x_3)$ と記されます。X がとりうるすべての値について、それと具体的な値をとる確率との対応を表したもののことを**確率分布**(*probability distribution*)と呼び、いまの事例では次のように書き表されます。

$$p(X) = \{p(x_0), p(x_1), p(x_2), p(x_3), p(x_4), p(x_5)\}$$ **式2.3** ※

> ※ **訳注** 本来、確率分布として対応を表すため、$p(X)$ と合わせて $X=\{x_0, x_1, x_2, x_3, x_4, x_5\}$ の記載も必要だが、本書では省略して $p(X)$ のみ記載する。

1回のコイントスによる実験では、表面(x_h)と裏面(x_t)の2つのとりうる結果があり、表面が出る回数は0もしくは1です。このとき確率変数 X は、表面か裏面かの結果に着目したいなら $X=\{x_t, x_h\}$、表面の出た回数に着目したいなら $X=\{0, 1\}$ とするなど、何に着目したいかに応じて定めます。

ベイズの枠組みでは、コインの偏りは確率変数 Θ で表現されます。Θ は θ の大文字です。ここでは、この確率変数 Θ は $\theta_{0.1}=0.1$、$\theta_{0.9}=0.9$ の2つの値をとることにしましょう。その場合、確率分布 $p(\Theta)$ はたった2つの確率から構

[*1] **訳注** hは表面(head)、tは裏面(tail)を指すため、ここでは、(表、表、裏、裏、表)の列を表します。

成され、たとえば $p(\theta_{0.1})=0.75$、$p(\theta_{0.9})=0.25$ と想定するなら、次のとおりとなります。

$$p(\Theta) = \{p(\theta_{0.1}), p(\theta_{0.9})\} \qquad \text{式2.4}$$
$$= \{0.75, 0.25\} \qquad \text{式2.5}$$

$p(\theta_{0.9})$ と $p(\theta_{0.1})$ の値が想定どおりとなるように、偏り 0.9 のコインが 25%、偏り 0.1 のコインが 75% 入った容器があるとします。コインの偏りが θ であるならば、コインが表面 x_h を出す確率は、定義により $p(x_h|\theta)=\theta$ です。さらに、表面が出る事象を $X=x_h$ と表記するものとして、これを省略せずに書くと、

$$p(X = x_h|\Theta = \theta) = \theta \qquad \text{式2.6}$$

です。この式は、「確率変数 Θ の値が θ をとるという条件の下では、確率変数 X が x_h をとる確率（すなわちコインの表面が出る確率）は θ に等しい」ということを意味します。偏り θ として具体的な値（$\theta=0.9$）を設定すると、よりわかりやすくなるでしょう。このとき、式2.6 は次のようになります。

$$p(X = x_h|\Theta = 0.9) = 0.9 \qquad \text{式2.7}$$

この式は、「コインの偏りが 0.9 であるという条件の下では、そのコインの表面が出る確率は 0.9 である」ということを意味します。

2.2
確率の法則

　確率論の創始者たち（ベイズ、ベルヌーイ [★2]、ラプラス）は、1 章で示したような緩い確率の概念を用い、確率法則が正しいのは自明だと考えていました。もちろん、確率の法則が自明に見えるからといって、そこから導かれる結果が明白であるということにはなりません。とくにベイズの定理は、確率法則を元にすれば数行の式で導くことができるにもかかわらず、どんなにじっと確率法則自体を眺め

[★2]　[訳注] ベルヌーイ（*Daniel Bernoulli*, 1700-1782）はスイスの数学者・物理学者。

ても、ベイズの定理は明白にはなりません。もし仮に、ベイズの定理がもっと明白であったなら、ベイズや他の人たちが定理の発見にここまで苦労することはなかったでしょうし、私たちもこの定理の捉えにくさに悩むこともないでしょう。確率の持つ解釈の微妙さについては、20世紀にコルモゴロフ（1933）[24]、ジェフリーズ（*Harold Jeffreys*, 1939）[19]、コックス（1946）[7]、ジェインズ（2003）[18]らが現代確率論を形づくっていくなかで深く探究されました。

これ以降、確率の三つの基礎的な法則を示します（証明はAppendix Cを参照）。一目でわかるほど簡単ではないかもしれませんが、本章では図を用いて繰り返し説明を行うので、心配いりません。

■──── 独立事象の同時確率

対象としている事象がすべて独立であるなら、それぞれの事象の発生確率を掛け合わせることで、それらの事象すべての**同時確率**（*joint probability*）を得ることができます（Appendix Cを参照）。たとえば、表面 x_h が出る確率が $p(x_h)=0.9$ で、裏面 x_t が出る確率 $p(x_t)=(1-0.9)=0.1$ であるコインを考えます。このコインで3回コイントスを行い、表面が1回出た後、2回裏面が続いたとすると、これにより列 (x_h, x_t, x_t) が定まります。どのコイントスの結果も、ほかのコイントスには依存していないため、すべての結果は互いに独立しています。このとき、これら3つの結果の同時確率 $p((x_h, x_t, x_t))$ は各事象の発生確率を掛け合わせ、次のように計算されます。

$$p((x_h, x_t, x_t)) = p(x_h) \times p(x_t) \times p(x_t) \qquad \text{式2.8}$$
$$= 0.9 \times 0.1 \times 0.1 \qquad \text{式2.9}$$
$$= 0.009 \qquad \text{式2.10}$$

この例のように特定の列、すなわち「順列」（*permutation*）の確率を計算する場合と、順序を問わない「組み合わせ」（*combination*）において、表面が出る回数の確率を計算する場合では、込み入った細かな違いがあります。幸い、その差異は推定結果に影響を与えませんが、差異については知っておく価値があります（Appendix Eを参照）。

■──── 和の法則

先に述べたとおり、容器内には、$\theta_{0.9}$ の偏りを持つコインもあれば、$\theta_{0.1}$ の偏り

を持つコインもあります。コインの偏りとしてありうるのは2つの値のみであるため、1回のコイントスで表面が出る確率は次の2つの同時確率の和で計算されます。

❶ $p(x_h, \theta_{0.9})$、すなわちランダムに選んだコインの偏りが0.9で、かつ表面が出る同時確率

❷ $p(x_h, \theta_{0.1})$ すなわちランダムに選んだコインの偏りが0.1で、かつ表面が出る同時確率

したがって、表面が出る確率は、

$$p(x_h) = p(x_h, \theta_{0.9}) + p(x_h, \theta_{0.1})$$ 式2.11

であり、これは、**和の法則**(*sum rule*)と呼ばれます。別の言い方をすると、$X=x_h$ である確率は、2つの同時確率の和、すなわち $X=x_h$ と $\Theta=\theta_{0.9}$ の同時確率と、$X=x_h$ と $\Theta=\theta_{0.1}$ の同時確率との和で求められます。

■——**積の法則**

この積の法則の内容は単純でないため、詳細は本章の後半で説明します。重要なのは、**積の法則**(*product rule*)によって、2つの異なる確率に関して、それらの同時確率を表せることです。たとえば、同時確率 $p(x_h, \theta_{0.9})$ は、

$$p(x_h, \theta_{0.9}) = p(\theta_{0.9}|x_h)p(x_h)$$ 式2.12

と表されます。言葉で説明するなら、「コインの偏りが0.9で、かつ表面が出る確率」は、「表面が観測されたという条件の下で、そのコインの偏りが0.9である確率」と「表面が出る全確率」を掛け合わせた確率と等しいということです。

2.3
同時確率とコイントス

まず、コインの入った容器の例をもっと具体的にして、コインの数は $N=100$ で、そのうち25枚が0.9の偏り、75枚が0.1の偏りを持つとしましょう。次にコインを1枚選び、コイントスを行います。コインをランダムに選ぶならば、

2つのありうる偏りのうち、どちらかのコインを選んだことになります。ここでは偏りが0.9のコインを選んでコイントスを行い、表面が出たとします。この例での結果の組み合わせは$(x_h, \theta_{0.9})$となります。

この例では、コインの偏りと、コイントスの結果、この2種類の事象があります。コインの偏りは2つの値のどちらかしかとれず、結果も2つのうちどちらかしかとれないため、2つの事象のありうる組み合わせは$(x_h, \theta_{0.9})$, $(x_h, \theta_{0.1})$, $(x_t, \theta_{0.9})$, $(x_t, \theta_{0.1})$の計4つです。

上で述べた手続きを何度も繰り返し、各コインの偏りとコイントスの結果を記録する場合、その結果は次の4つの同時確率に従います。

❶ $p(x_h, \theta_{0.9})$ ➡ 0.9の偏りのコインを選び、かつ表面x_hが出る同時確率

❷ $p(x_h, \theta_{0.1})$ ➡ 0.1の偏りのコインを選び、かつ表面x_hが出る同時確率

❸ $p(x_t, \theta_{0.9})$ ➡ 0.9の偏りのコインを選び、かつ裏面x_tが出る同時確率

❹ $p(x_t, \theta_{0.1})$ ➡ 0.1の偏りのコインを選び、かつ裏面x_tが出る同時確率

この実験において、コイントスの結果は選んだコインの偏りに影響されるため、それら2つの種類の事象は独立ではないことに注意してください。

2.4
確率を面積で捉える方法

ここでは、同時確率を面積として捉える方法を示します。これにより、和と積の法則を図で表すことが可能となります。また、その捉え方を援用して条件付き確率（たとえば尤度）を表現します。すると、条件付き確率は面積比に相当することとなります。

2.3節で定義した4つの同時確率は、各組み合わせが観測される回数の割合を表しています。たとえば、選んだコインの偏りが0.9であり、かつ表面(x_h)が出る同時確率は、 **表2.1** にあるとおり$p(x_h, \theta_{0.9})=0.225$となります。各行や各列の合計は、和の法則を利用して求められ、合計の和は1であることに注意してください。行ごと、および列ごとのそれぞれの合計値は、慣例で表の端（ひょう）(*table margins*, 周辺)

に書かれることから、「周辺確率」(*marginal probability*)と呼ばれます。 **表2.1** に記された4つの同時確率は、全体に占める割合をそれぞれ表しているので、**図2.1** の4つの四辺形❶❷❸❹の面積 a, b, c, d によってそれぞれ表すことができます。

そのようにする場合、正方形の総面積は1なので、各四辺形が正方形内で占める割合は、四辺形の面積と数値的に等しくなります。たとえば、正方形の面積を $1m^2$、四辺形❶の面積 a を $0.225m^2$ とすると、a が占める割合は 0.225 ($0.255m^2/1m^2$) であり、その値は同時確率 $p(x_h, \theta_{0.9})$ でもあります。四辺形の面積の和が1となるようにしていることは、4つの同時確率の和が、**表2.1** にあるとおり1である事実と一致しています。

以下でベイズの定理を導くことができるようにするには、その前に、和の法則、事後確率、積の法則、尤度を面積で考える必要があります。

表2.1 2つの相関した変数の同時確率および周辺確率

	$\theta_{0.9}$	$\theta_{0.1}$	周辺確率
x_h	$p(x_h, \theta_{0.9}) = 0.225$	$p(x_h, \theta_{0.1}) = 0.075$	$p(x_h) = 0.300$
x_t	$p(x_t, \theta_{0.9}) = 0.025$	$p(x_t, \theta_{0.1}) = 0.675$	$p(x_t) = 0.700$
周辺確率	$p(\theta_{0.9}) = 0.250$	$p(\theta_{0.1}) = 0.750$	合計 1.00

表中央の4つの値は同時確率を表している。各行の合計は、表面もしくは裏面が出る確率を表し、各列の合計はコインの偏りの確率を表す。各行、各列の合計はそれぞれ周辺確率であり、周辺確率を合計すると1となる。

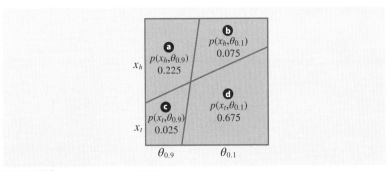

図2.1 面積で表現された同時確率

コインの偏りが2つの値($\theta_{0.1}$ もしくは $\theta_{0.9}$)どちらかであり、コイントスが2つの結果(表面 x_h もしくは裏面 x_t)のどちらかをとるという場合には、その組み合わせは ($\theta_{0.1}, x_t$), ($\theta_{0.1}, x_h$), ($\theta_{0.9}, x_t$), ($\theta_{0.9}, x_h$) の4つである。各組み合わせの同時確率は、各四辺形の面積で表される。4つの四辺形の面積の和は1である(ただし、図の寸法は正確ではない)。

━━━━面積を用いた和の法則の表現

　図形による表現を用いるなら、**図2.1** における上の「行」（四辺形**ⓐ**,**ⓑ**）はコインの表面が出る場合を表しているので、表面が出る確率は**ⓐ**と**ⓑ**が占める面積の割合（すなわち $a+b$）と同じです。このように、表面が出る確率 $p(x_h)$ は $a+b$ によって表されるため、次のとおりとなります。

$$p(x_h) = a + b \qquad \text{式2.13}$$
$$= p(x_h, \theta_{0.9}) + p(x_h, \theta_{0.1}) \qquad \text{式2.14}$$
$$= 0.3 \qquad \text{式2.15}$$

式2.14 が和の法則であり、その部分の図解は **図2.2** のとおりです。

━━━━面積を用いた事後分布の表現

　あるコインの偏りの大きさを知らないとして、そのコインの偏りが0.9である確率を推定したいとします（後で、推定した確率を、偏りが0.1である確率と比較し、コインの偏りが0.1と0.9のどちらであるか判断するのに用います）。念のために述べておくと、その推定値はコインの偏りが0.9である事後確率です。

　まずは、コインの偏りとコイントスの結果の4通りの組み合わせがそれぞれどれくらいの頻度で生じるかを数えます。そのため、コインをランダムに1枚選び、そのコインの偏り（コインにはあらかじめ値が記されているものとします）を記録します。さらにコイントスを行い、その結果が表面・裏面のどちらであったかを記録します。これを1000回繰り返せば、偏りとコイントスの結果の記録を1000組得ることができます。もし、「偏り0.9のコインと、表面が出た

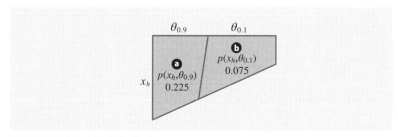

図2.2 　　　　事後確率 $p(\theta_{0.9}|x_h)$

コイントスの結果が表 x_h であるという条件の下で、コインの偏りが0.9である確率（事後確率 $p(\theta_{0.9}|x_h)$）は $a/(a+b)$ である。この図は、前出の **図2.1** で、コイントスの結果が表面 x_h である場合を抜き出したもの。

という結果」が1000組中225組あったならば、それらの同時確率は0.225であると推定します。また、表面が出たのが300組であった場合、表面が出る確率は0.3であると推定します。

　コインに記されていた偏りの値を消してから、コインを選択し、コイントスを行った結果、表面が出たとしましょう。表面 x_h が観察されたという条件の下では、そのコインの偏りが0.9である確率はいくらでしょうか。記録された1000個の結果からなる標本において、「表面が出た組の総数」(300組)のうち、「コインの偏りが0.9で、かつコイントスの結果が表面だった組」(225組)の割合、つまり $225/300 = 0.75$ が、この確率を表しています。

　図2.1 における面積でこれを表現するなら、「選んだコインの偏りが0.9、コイントスの結果が表面である同時確率 $p(x_h, \theta_{0.9})$」は面積 a で表され、その一方、「コインの表面が出る全確率 $p(x_h)$」は、面積 $a+b$ で表されます(和の法則を参照)。このため、コインの表面が観測された条件の下で、偏り0.9のコインが選ばれていた確率は、面積 a の面積 $a+b$ に対する割合で表され、次のとおりです。

$$p(\theta_{0.9}|x_h) = \frac{a}{a+b} \qquad \text{式2.16}$$

この式における面積 b は $p(x_h, \theta_{0.1})$ に対応します。$a=p(x_h, \theta_{0.9})$ であり、**式2.13** より $a+b=p(x_h)$ であることから、**式2.16** の値は次のように計算されます。

$$p(\theta_{0.9}|x_h) = \frac{p(x_h, \theta_{0.9})}{p(x_h)} \qquad \text{式2.17}$$
$$= \frac{0.225}{0.3} \qquad \text{式2.18}$$
$$= 0.75 \qquad \text{式2.19}$$

これは、事後確率、すなわち逆確率です(1章を参照)。

■───面積を用いた積の法則の表現

　上で行ったように同時確率を用いることなく、ベイズの定理を用いて事後確率を求めるためには、積の法則が必要です。

　図2.1 では、上の行の面積(面積 a と b)の中で面積 a が占める割合は $a/(a+b)$ です。この割合を、上の行における面積の合計と掛け合わせると、次のように面積 a が求まります。

$$a = \frac{a}{a+b} \times (a+b)$$ 式2.20

この式において、左辺 $a=p(x_h,\theta_{0.9})$、右辺の第1項 $a/(a+b)=$ $p(\theta_{0.9}|x_h)$、同じく第2項 $(a+b)=p(x_h)$ はすでにわかっているので、次のような積の法則が導出されます。

$$p(x_h,\theta_{0.9}) = p(\theta_{0.9}|x_h)p(x_h)$$ 式2.21

同じ結果は、**式2.17** の両辺に $p(x_h)$ を掛け合わせることでも得られます。この式に対して、**式2.19** から $p(\theta_{0.9}|x_h)$ を、**式2.15** から $p(x_h)$ を代入すれば、

$$p(x_h,\theta_{0.9}) = 0.75 \times (0.225 + 0.075)$$ 式2.22
$$= 0.225$$ 式2.23

が得られ、その値は **図2.1** のとおりです。

■——— 面積を用いた尤度の表現

ベイズの定理を導き出すためには、尤度を面積の比率として表す必要があります。

尤度は条件付き確率ですから、同じく条件付確率であった事後確率を求めたときと同様の論理で計算することができます。これまでと同じく、選んだコインの偏りが0.9で、かつコイントスの結果が表面であった試行が1000試行中225組であることから、その同時確率は0.225と推定されることに注意します。また、容器内にある偏り0.9のコインの数が250枚であるとすると、偏り0.9のコインを選択する確率は0.25と推定されることとなります。

尤度 $p(x_h|\theta_{0.9})$ は、「コインの偏りが0.9であった組」のうち、「コインの偏りが0.9であり、かつコイントスで表面が出た組」の占める割合で表されます。

ここでもまた、コインを1枚選んだところ、そのコインの偏りが0.9であったとします（偏りの大きさは、各コインに記されており、この実験では記されたままであると仮定）。このコインの偏りが0.9であるという条件の下で、それを投げたときに表面が出る確率はいくらでしょうか。定義からその答えは0.9ではありますが、遠回りながら、後ほど役立つ方法があるので、それを用いて計算してみましょう。記録された1000個の結果からなる標本において、「選んだコインの偏りが0.9であった組の総数」(250組)のうち、「選んだコインの偏りが

0.9で、さらにコイントスの結果が表面だった組」（225組）が占める割合、すなわち$225/250=0.9$がこの確率を表しています。

　面積を使ってこれを表すと、「選んだコインの偏りが0.9で、かつコイントスの結果が表面だった」確率は面積aで表されます。一方、「選んだコインの偏りが0.9であった」組の割合は面積$a+c$（ **図2.1** における左列の面積、すなわち **図2.3** ）で表されます。したがって、偏り0.9のコインが選ばれたという条件の下で、コイントスの結果が表面である確率は、面積aの面積$a+c$に対する割合であり、

$$p(x_h|\theta_{0.9}) = \frac{a}{a+c}$$
式2.24

となります。この式において、面積cは$p(x_t, \theta_{0.9})$です。一方、面積$a+c$は$p(\theta_{0.9})$、すなわち偏り0.9のコインが選ばれる確率を表すので、式は次のとおりであり、これは **図2.3** でも同じです。

$$p(\theta_{0.9}) = a + c$$
式2.25
$$= p(x_h, \theta_{0.9}) + p(x_t, \theta_{0.9})$$
式2.26

式2.24 に **式2.26** と$a=p(x_h, \theta_{0.9})$を代入すると、

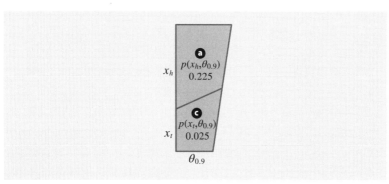

図2.3　　　**尤度$p(x_h|\theta_{0.9})$**
前出の **図2.1** で、コインの偏りが0.9である場合を抜き出したもの。
コインの偏りが0.9であるという条件の下で、コイントスの結果が表面x_hである確率（尤度$p(x_h|\theta_{0.9})$）は$a/(a+c)$で表される。

$$p(x_h|\theta_{0.9}) = \frac{p(x_h, \theta_{0.9})}{p(\theta_{0.9})} \qquad \text{式2.27}$$

$$= \frac{0.225}{0.225 + 0.025} \qquad \text{式2.28}$$

$$= 0.9 \qquad \text{式2.29}$$

が得られます。これは偏り θ の定義から期待されるとおりの結果です。また、前章(p.29)で紹介した順確率にあたります。

■──── 面積を用いたベイズの定理の表現

式2.21 の積の法則から、次のことがすでにわかっています。

$$p(x_h, \theta_{0.9}) = p(\theta_{0.9}|x_h)p(x_h) \qquad \text{式2.30}$$

式2.27 の両辺に $p(\theta_{0.9})$ を掛けることで、次のように同時確率 $p(x_h, \theta_{0.9})$ を 式2.30 とは異なる形で求められます。

$$p(x_h, \theta_{0.9}) = p(x_h|\theta_{0.9})p(\theta_{0.9}) \qquad \text{式2.31}$$

同時確率 $p(x_h, \theta_{0.9})$ に対して 式2.30 と 式2.31 の2つの表現を得ることができたので、次の等式が得られます。

$$p(\theta_{0.9}|x_h)p(x_h) = p(x_h|\theta_{0.9})p(\theta_{0.9}) \qquad \text{式2.32}$$

両辺を $p(x_h)$ で割ることで、事後確率に関する等式が得られますが、式2.17 とは異なり、尤度と事前分布を使って、次のようにベイズの定理として表現されます。

$$p(\theta_{0.9}|x_h) = \frac{p(x_h|\theta_{0.9})p(\theta_{0.9})}{p(x_h)} \qquad \text{式2.33}$$

この 式2.33 にこれまで求めてきた数値を代入すれば、

$$p(\theta_{0.9}|x_h) = \frac{0.9 \times 0.25}{0.300} \qquad \text{式2.34}$$

$$= 0.75 \qquad \text{式2.35}$$

となり、この結果は 式2.19 と一致します。

$\boxed{\text{式2.33}}$ を導出した手法は、偏り θ がどの値でも等しく使えます。$\boxed{\text{式2.33}}$ の $\theta_{0.9}$ を $\theta_{0.1}$ に置き換えることで、表面が出たという条件の下で偏りが 0.1 である事後確率を次のように求められます。

$$p(\theta_{0.1}|x_h) = \frac{p(x_h|\theta_{0.1})p(\theta_{0.1})}{p(x_h)} \qquad \boxed{\text{式2.36}}$$

$$= \frac{0.1 \times 0.75}{0.300} \qquad \boxed{\text{式2.37}}$$

$$= 0.25 \qquad \boxed{\text{式2.38}}$$

以上から、$\Theta = 0.1$ である事後確率 $p(\theta_{0.1}|x_h)$ は 0.75 である一方、$\Theta = 0.9$ である事後確率 $p(\theta_{0.1}|x_h)$ は 0.25 です。これらの確率の比が、事後オッズ（p.14 を参照）であり、次のように計算されます。

$$\frac{p(\theta_{0.9}|x_h)}{p(\theta_{0.1}|x_h)} = \frac{0.75}{0.25} \qquad \boxed{\text{式2.39}}$$

この事後オッズは、コイントスで表面が観測された場合に、「そのコインの偏り Θ が 0.9 である確率」は、「偏り Θ が 0.1 である確率」の 3 倍であることを示します。これは、$\boxed{\text{式1.24}}$ において説明したモデル選択の別の一例です。

2.5

ベン図によるベイズの定理の表現

本節では、ベイズの定理を証明するために必要なさまざまな数式や値を、今度はベン図を使って導出します。本節の大部分は、前の節の繰り返しであるため、ベイズの定理の証明をこれ以上必要としない読者は、本節以降の説明は飛ばして次章に進んでも問題ありません。

前の例と同じく、図を使った表現を定義することで、コイントスで表面が観測されたという条件の下でコインの偏りが 0.9 である事後確率を求めます。$\boxed{\text{図2.4}}$ に描かれている長方形の領域の総面積は 1 であり、さらに円 **Ⓐ** が占める面積の割合を、コイントスで表面が出る確率 $p(x_h)$ に等しいとします。そして、次の式で表されるように、その面積を a とします。

$$p(x_h) = a \qquad \text{式2.40}$$

これに対して、円**B**が占める面積の割合は、偏り0.9のコインが選ばれる確率 $p(\theta_{0.9})$ を表しており、その面積を次のとおり c とします。

$$p(\theta_{0.9}) = c \qquad \text{式2.41}$$

円**A**と円**B**が重なる面積 b は、偏り0.9のコインが選ばれ、かつコイントスで表面が出る同時確率を表しており、次のように表されます。

$$p(x_h, \theta_{0.9}) = b \qquad \text{式2.42}$$

したがって、コイントスで表面が出たという条件の下で、コインの偏りが0.9である確率は、面積 a に対する b の割合によって次のように表されます。

$$p(\theta_{0.9}|x_h) = \frac{b}{a} \qquad \text{式2.43}$$

式2.42 と 式2.40 を 式2.43 に代入することで、次のように事後確率を求めることができます。

$$p(\theta_{0.9}|x_h) = \frac{p(x_h, \theta_{0.9})}{p(x_h)} \qquad \text{式2.44}$$

同じように、偏りが0.9の条件の下で表面が出る確率は、次のようになります。

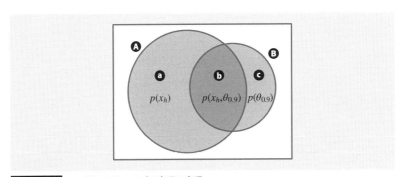

図2.4 ベン図によるベイズの定理の表現

全体の面積は1であり、円**A**の面積 a はコインの表面が出る確率 $p(x_h)$、円**B**の面積 c はコインの偏りが0.9である確率 $p(\theta_{0.9})$ を表す。**A**と**B**が重なった部分の面積 b は同時確率 $p(x_h, \theta_{0.9})$、すなわちランダムに選んだコインの偏りが0.9であり、そのコイントスの結果が表面である確率を表す。

$$p(x_h|\theta_{0.9}) = \frac{b}{c} \qquad \text{式2.45}$$

式2.42 と 式2.41 を 式2.45 に代入することで、次のとおり尤度が算出されます。

$$p(x_h|\theta_{0.9}) = \frac{p(x_h, \theta_{0.9})}{p(\theta_{0.9})} \qquad \text{式2.46}$$

■──── ベイズの定理の表現

式2.44 の両辺に $p(x_h)$ を掛け、同様に 式2.46 に $p(\theta_{0.9})$ を掛けることで、それぞれ以下の式を得ることができます。

$$p(x_h, \theta_{0.9}) = p(\theta_{0.9}|x_h)p(x_h) \qquad \text{式2.47}$$
$$p(x_h, \theta_{0.9}) = p(x_h|\theta_{0.9})p(\theta_{0.9}) \qquad \text{式2.48}$$

式2.47 と 式2.48 から、

$$p(\theta_{0.9}|x_h)p(x_h) = p(x_h|\theta_{0.9})p(\theta_{0.9}) \qquad \text{式2.49}$$

という式が導出でき、さらに両辺を $p(x_h)$ で割ることで、次のようにベイズの定理が得られます。

$$p(\theta_{0.9}|x_h) = \frac{p(x_h|\theta_{0.9})p(\theta_{0.9})}{p(x_h)} \qquad \text{式2.50}$$

2.6
ベイズの定理と医学検査

　本節では、ベイズの定理を証明するために必要なさまざまな数式をさらにもう一度導出します。今回は、医学検査の例を図で説明します。本節の大部分は、前の2つの節の繰り返しを含むため、ベイズの定理の証明をこれ以上必要としない読者は、本節の説明を飛ばして次章に進んでも差し支えありません。

図2.5 ⓐ に描かれた各マスはそれぞれ100人を表し、100個マスがあることから、総計10000人を表現しています。この母集団の1%、すなわち100人が病気に感染していると想定します。この1%という値は、母集団全体での病気の自然発生率を表します。**図2.5 ⓐ** の最も右上のマスがこの100人の不運な人々を表しています。一方、**図2.5 ⓑ** はこのマスを拡大したものであり、**図2.5 ⓑ** の各マスは1人の患者を表しています。

病気に感染しているかの検査が行われ、100人の感染者の中で98人から陽性の結果が出たとすると、病気に対する検査の真陽性率（*hit rate*）[3] は98%です（**図2.5 ⓑ** 内の薄いグレーで塗られたマス）。また、100%から真陽性率を引いて得られる偽陰性率（*miss rate*）[4] は2%であり、2人の感染者からは、陰性の結果が出ることになります（**図2.5 ⓑ** では斜線のマス）。

偽陽性率（*false alarm*）が3%であるという重要な情報が新たに入ってきたと仮定してみます。この場合、感染していない9900人のうち297人が陽性と判定されます（**図2.5 ⓐ** では濃いグレーのマス）。

ここである人に陽性の判定結果が出たという条件の下で、病気に感染している

---

[3] **訳注** 適中率、感度。

[4] **訳注** 見逃し率。

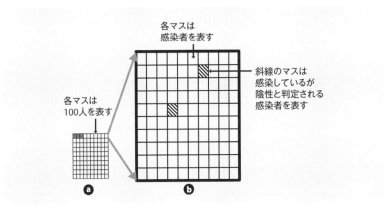

図2.5 **図で見る医学検査の例**

ⓐ 100個の各マスは100人を表し、全体で総計10000人を表す。3つの濃いグレーのマスは陽性と判断されたが、感染はしていない人を表す。ⓐ のうち1つのマスが拡大され、太線で囲まれた大きい格子ⓑが描かれている。ここでは、100個のマスのそれぞれが病気に感染した1人の患者を表す。100人中、98人は検査で陽性と判断され、斜線のマスで示した2人は陰性と判断される。

確率は、次の式のように「その人が感染していて、かつ検査で陽性が出るという(同時)確率」を、「陽性判定が出る確率」で割った値となります。

$$p(感染している|検査で陽性) = \frac{p(検査で陽性, 感染している)}{p(検査で陽性)}$$ **式2.51**

■───同時確率を利用した検査

式2.51 に現れている項を順々に見ていきましょう。ある人が感染していて、かつ検査で陽性が出るという同時確率は、母集団全体(10000)に対する、「感染者で、かつ陽性が出ている人(98)」の割合で次のように与えられます。

$$p(検査で陽性, 感染している) \approx 0.01$$ **式2.52**

この式における $\approx$ (*approximately equal*)は、「ほぼ等しい」ことを表します。

陽性が出る全確率は、感染していてかつ陽性が出る確率 p(検査で陽性, 感染している)と、感染していないが陽性が出る確率 p(検査で陽性, 感染していない)という2つの確率の和であり、次のとおりです。

$$p(検査で陽性) = p(検査で陽性, 感染している) + p(検査で陽性, 感染していない)$$ **式2.53**

式2.53 も和の法則の一例です。**式2.52** から p(検査で陽性, 感染している)の値はわかっていますが、p(検査で陽性, 感染していない)の値はまだ計算していません。この値は、感染はしていないが検査で陽性が出た人数(297)の母集団全体(10000)に対する割合であり、

$$p(検査で陽性, 感染していない) = \frac{297}{10,000}$$ **式2.54**

$$\approx 0.03$$ **式2.55**

です。**式2.52** と **式2.55** の数値を **式2.53** に代入すると、

$$p(検査で陽性) = \frac{98}{10,000} + \frac{297}{10,000}$$ **式2.56**

$$\approx 0.04$$ **式2.57**

となります。**式2.52** と **式2.57** の数値を **式2.51** に代入すると、

$$p(感染している|検査で陽性) \approx \frac{0.01}{0.04}$$ 式2.58

$$= 0.25$$ 式2.59

となります。以上から、この検査の真陽性率は98%であるにもかかわらず、陽性判定された患者が実際に感染している確率は25%だということになります。この驚くべき結果は、母集団における自然発生率$p($感染している$)$が低いことと、検査の偽陽性率$p($検査で陽性|感染していない$)$が高いこととに起因します。このしくみは、式2.12 で見た積の法則、

$$p(検査で陽性, 感染している) = p(検査で陽性|感染している)p(感染している)$$ 式2.60

を使って 式2.51 を書き直し、ベイズの定理の形で表される

$$p(感染している|検査で陽性) = \frac{p(検査で陽性|感染している)p(感染している)}{p(検査で陽性)}$$ 式2.61

を得ることでより明白になります。この 式2.61 を見れば、尤度($p($検査で陽性|感染している$)$)が大きな値であったとしても、自然発生率（事前確率$p($感染している$)$）の値が小さい場合、もしくは高い偽陽性率のために$p($検査で陽性$)$の値が大きくなる場合には、事後確率である$p($感染している|検査で陽性$)$の値は小さい値をとることがわかります。

　したがって、母集団における自然発生率が1%、真陽性率が98%、偽陽性率が3%である場合には、陽性結果が出た人が実際に感染している確率は25%となるのです。

2章のまとめ

　本章では、何通りもの図解を紹介し、それぞれでベイズの定理を導出しました。しかし、ベイズの定理を具体的な問題に適用する際の込み入った点については、まだ明らかではありません。それらの点は、本書の残りの章で明らかにしていきます。

3章

離散パラメーターの推定

> アフガニスタン帰りだと自力で見抜いたんだ。長年の習慣で、
> 僕の頭のなかは思考が閃光のごとく走り、途中の過程を意識する
> 間もないほど速やかに結論を導きだす。だが実際にははっきりと
> した段階があって、それを順に踏んで推理したんだ。こんなふう
> にね。〝この人は見たところ医者のようだが、態度がどことなく
> 軍人っぽい。そうなると軍医だな。顔が浅黒いが、手首から上は
> 白いから、生まれつき色黒なのではなく、熱帯地方から戻ってき
> たばかりにちがいない。大変な苦難を耐え忍び、重い病気に苦し
> んだ跡が、やつれた顔にくっきりと刻まれている。左腕を負傷し
> たようだ。かばおうとするせいで、不自然な動かし方になってい
> る。イギリスの軍医が塗炭の苦しみをなめ、腕に怪我まで負うよ
> うな熱帯地方とはいったいどこか？ アフガニスタン以外にはな
> い〟ここまで行き着くのに一秒とかからなかったよ。で、そのあ
> と、アフガニスタン帰りですねと言って、きみを驚かせたのさ。
>
> ——Arthur Conan Doyle, 1901
> 『緋色の研究　新訳版　シャーロック・ホームズ』
> （A. C. Doyle著、駒月 雅子訳、KADOKAWA、2014）

3章のはじめに

　ここまでの例では、病気か病気でないか、天然痘か水疱瘡か、コインの偏り
は0.1か0.9かといった2つの選択肢から一つを決定する問題を考えてきました。

より一般的な問題として、複数の選択肢の中から、正しい確率が最も高い選択肢を選ぶにはどうすれば良いでしょうか。本章では、ベイズの定理を3つ以上の選択肢の集合に適用する場合の議論をします。ただし、引き続き、各選択肢が明確に分かれていて数え上げられるような場合に限定し、たとえばすでに知られている病気を列挙したものを考えます。このように、集合の要素それぞれが明確に分かれているとき、その集合のことを「離散的」(*discrete*)と呼び、とりうる値の範囲がそうした集合となっている変数を離散変数(*discrete variable*)と呼びます。また、確率変数が離散変数である確率分布を表す関数のことを確率関数(*probability function*)と呼びます[*1]。離散変数に代わるものとして、連続変数があり、確率変数が連続変数である確率分布を表す関数のことを「確率密度関数」(pdf、後述)と呼びますが、それらに関しては次章で検討します。

3.1

同時確率分布

4行×10列の箱を持つ配列を考えてみます **表3.1** 。この配列の各行は、それ

....

[*1] **訳注** 原書では確率関数に限らず、関数と分布とを同一として表現しているところが多々ありましたが、日本の読者の読みやすさを考えて、本翻訳書では原則として両者を区別して表現しました。

表3.1 　　　症状 x_r と病気 θ_c の同時確率分布（行（*row*）を表す r は1〜4、列（*column*）を表す c は1〜10）

$X\backslash\Theta$	θ_1	θ_2	θ_3	θ_4	θ_5	θ_6	θ_7	θ_8	θ_9	θ_{10}	合計
x_4	0	0	1	0	3	5	10	7	7	4	37
x_3	0	1	1	10	16	11	12	7	8	5	71
x_2	3	5	8	9	14	10	3	3	0	0	55
x_1	8	9	9	5	4	1	1	0	0	0	37
合計	11	15	19	24	37	27	26	17	15	9	200

各箱内の数 $n(x_r, \theta_c)$ は、病気 θ_c に感染しており、かつ症状 x_r が現れている人の数を表す。表の端（周辺）に示されている各行や各列の合計値は、それぞれ症状の周辺尤度分布（最右列）と、病気の事前確率（最下行）という2つの周辺分布が示す確率の値に比例した値となっている。

それぞれ異なる症状(もしくは患者が持つ特徴)を表すものとし、各列は異なる病気を表すものとします。症状は4つのみで病気も10個のみなので、症状も病気も離散変数で表されます。

箱の位置は、行番号と列番号によって指定され、行番号は離散変数 X で表されて、

$$X = \{x_1, x_2, x_3, x_4\}$$

式3.1

であり、列番号は、離散変数 Θ で表されて、

$$\Theta = \{\theta_1, \theta_2, \theta_3, \theta_4, \theta_5, \theta_6, \theta_7, \theta_8, \theta_9, \theta_{10}\}$$

式3.2

です。確率変数の意味を再確認したい場合は2.1節を見てください。行数 N_r が4ということから、X は $x_1 = 1$ から $x_4 = 4$ までの値をとることができます。同様に、列数 N_c が10ということから、Θ は $\theta_1 = 1$ から $\theta_{10} = 10$ までの値をとることができます。たとえば、3行め2列めの箱を考えると、$X = x_3$、$\Theta = \theta_2$ となります。

同時確率分布の標本抽出

これまでの章では、確率分布を表すのに $p(X)$ を用いてきました。同様にここでは、「同時確率分布」(*joint probability distribution*)を $p(X, \Theta)$ で表します。また、同時確率分布を表す関数を「同時確率関数」(*joint probability function*)と呼びます。同時確率分布 $p(X, \Theta)$ は配列の各箱に確率の値を割り当て、配列の各箱は、病気 θ と症状 x の組み合わせを表します。この同時確率分布は、**図3.1**

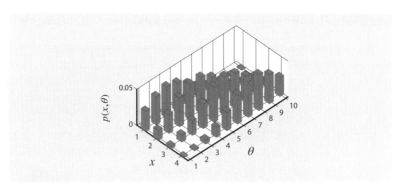

図3.1 離散型同時確率分布 $p(X, \Theta)$ によって定まるヒストグラム

柱の高さ $p(x, \theta)$ は、患者が病気 θ に感染しており、かつ症状 x が現れている確率を表している。

に示すように四角柱を用いて3次元版のヒストグラム（柱状グラフ）にしたものを用いて可視化できます。各箱の四角柱の高さは、その箱に割り当てられた確率の値 $p(x, \theta)$ を表します。

ここでは、$N=200$ 人の患者がいるものとし、$p(X, \Theta)$ に従った何らかの確率過程によって（たとえば人生を確率過程と考えることもできます）、各患者は配列の箱の一つに割り当てられると考えてみてください。たとえば、X がとりうる4つの値は患者の年齢層にそれぞれ対応し、Θ がとりうる値のうち小さな値は若年層がかかりやすい病気、大きな値は高年齢層がかかりやすい病気を表しているという場合が考えられます。

表3.1 と 図3.2 ⓐ に示すように、高い確率の値を持つ箱は、低い確率の値を持つ箱よりも、通常は多くの患者が入ることになります。たとえば、$p(x_3, \theta_9)$ $=0.04$ であるため、箱(x_3, θ_9)には8人（0.04×200 人）の患者が割り当てられると期待できます。とはいえ、患者を箱へ割り当てる過程は確率的であるため、各箱の確率値から期待される患者数が、実際その箱で観測される患者数と一致するとは限りません。

そのため、配列に患者が割り当てられてできる分布は、その背後にある同時確率分布 $p(X, \Theta)$ の標本（*sample*）を表しているという言い方をされます。そこで、得られた標本がどれだけ同時確率分布に一致しているかを見るため、各

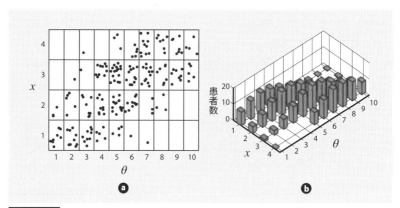

図3.2 同時確率分布の可視化

ⓐ200人の患者の分布を表す。点が患者を表し、配列中の各箱内に存在する患者数の割合が、その箱の同時確率分布の値と等しい。ⓑ柱の高さが、その箱内の患者の数を表す。このグラフは、前出の 図3.1 と完全に同じ形をしているが、図3.1 では高さの総和が1となるように調整されているのに対して、図3.2 では高さの総和は200である。

箱に割り当てられた患者数を、全患者数に対する割合で表現してみましょう。たとえば、200人の患者からなる標本を一まとめにとった際に箱 (x_3, θ_9) には6人の患者が割り当てられたとします。200人の患者に対する割合として表現すると、(x_3, θ_9) に対する同時確率分布の値 $p(x_3, \theta_9)$ が 0.04 であるのに対して、その割合は 6/200＝0.03 です。

　各箱に対して患者を割り当てる過程は、偏りのないコインでコイントスをするのと少し似ています。10回投げてちょうど半分の5回表面が出るとは限らず、6回表面が出ることもあれば、全部表面が出ることも極めて稀ながらあるといった具合です（4.7節を参照）。

　いずれにせよ、現実にはコインの偏りを直接観測することはできず、観測できるのは表面および裏面が出る回数のみであり、この情報から偏りを推定することしかできません。同様に、同時確率分布 $p(X, \Theta)$ を観測することはできず、せいぜいその分布に従う母集団からの標本が得られるのみであり、標本を元に同時確率分布の推定を試みるしかありません。実際、通常得ることができるのは、各病気の患者数の割合など、同時確率分布を推定するための要約統計量です。患者の割り当ての例で言うと、$p(X, \Theta)$ で決まる（未知の）確率によって200人の各患者が箱に割り当てられるのであれば、箱 (x_3, θ_9) に結果として割り当てられるのは6人かもしれないし、8人かもしれないし、200人ということさえありうるということです。

　話を単純にするため、各箱に割り当てられた患者の数の割合が同時確率分布の値と等しいと仮定しましょう（2.6節の医学検査の例でも暗黙に同様の仮定を置いていました）。こうする理由は、各箱に割り当てられた患者数の割合を、同時確率分布における各値であるかのように扱うためです。実際のところ、手元にある情報は各症状が現れた患者数、および各病気にかかった患者数のみであるため、いずれにせよこの仮定を置かざるをえません。とはいえ、その際に観測する人数（正確に言えば「割合」）は、想定される（未知の）同時確率分布の推定値であるという認識は重要です。その認識があってはじめて、この推定値に対する信頼度を計算する方法がわかるからです（4.7節, p.90）。

　ここで注意すべき点が2つあります。まず、基本となる原則の箇所（p.3）で説明したように、確率（ここでは病気と症状の同時確率）の和は1でなくてはなりません。それは、確率が割合と同じように振る舞うからであり、全部で40ある割合の和が1であるのと同様に、全部で40ある同時確率の和も1となります。

これは **図3.1** でもそのことを満たすようにしているとおり、確率分布が持つ重要な特徴です。もう一つは、確率変数 X と Θ が離散的であることから、同時確率分布 $p(X, \Theta)$ は離散同時確率分布ですが、それでもなお、確率分布が定める40個の確率の値のそれぞれは、$0 \sim 1$ の間をとる連続変数で表されるということです。

3.2
患者に関する問い

各病気と症状を持つ患者の数がわかれば、配列内の各箱に含まれる患者数を把握することができます。この情報を使うことで、以下のような問いに答えられます。

❶ 患者が病気 θ_2 に感染しており、かつ症状 x_3 が現れている同時確率 $p(x_3, \theta_2)$ はいくらか

❷ 患者に症状 x_3 が現れている確率 $p(x_3)$ はいくらか

❸ 患者が病気 θ_2 に感染している確率 $p(\theta_2)$ はいくらか

❹ 患者が病気 θ_2 に感染しているという条件の下で、症状 x_3 が現れている条件付き確率 $p(x_3|\theta_2)$ はいくらか

❺ 患者に症状 x_3 が現れているという条件の下で、その患者が病気 θ_2 に感染している条件付き確率 $p(\theta_2|x_3)$ はいくらか

前章までに見てきたとおり、問いの❹に対しては、各病気の発生状況に関する知識なしに答えることができますが、それで得られる答えはほとんど役に立ちません。利用可能なデータ（症状）にのみ基づいており、病気に感染した場合にそれらの症状が現れる確率（すなわち尤度）を教えてくれるだけだからです。問いの❺はそれよりも意味のある問いであり、答えを与えるためには、「ある病気に感染した場合に症状が観察される確率」と、「その病気の発生状況に関する事前知識」を掛け合わせることで、「その病気に感染している事後確率」を求める必要があります。事後確率の計算を進めていけば各病気に感染している確率がわかるため、各患者が感染している確率が最も高い病気も知ることができます。

■────── **各要素の名称** 尤度と事後分布

1.1節(p.9)で示したように、$p(x_3|\theta_2)$ と $p(\theta_2|x_3)$ は、ともに条件付き確率であり、それゆえに論理的な観点からは同じタイプの数量ですが、ベイズ統計の文脈ではまったく異なった扱いをします。ここまでの章と同様に、x_3 は既知の観測データとして扱い、θ は値を求めるべきパラメーターとして扱います。また、条件付き確率 $p(x_3|\theta_2)$ は「尤度」と呼び、条件付き確率 $p(\theta_2|x_3)$ は「事後確率」と呼んでいることを思い出してください。

■────── [問い**❶**]患者が病気 θ_2 に感染しており、
　　　　かつ症状 x_3 が現れている同時確率 $p(x_3, \theta_2)$ はいくらか

上の例では、合計で $N=200$ 人の患者がいます。(x_3, θ_2) の箱の中に含まれる患者の数は $n(x_3, \theta_2)=1$ です。したがって、病気 θ_2 に感染しており、かつ症状 x_3 が現れている患者の割合が (x_3, θ_2) における同時確率に等しいと仮定すると、

$$p(x_3, \theta_2) = \frac{n(x_3, \theta_2)}{N} \qquad \text{式3.3}$$

$$= \frac{1}{200} \qquad \text{式3.4}$$

$$= 0.005 \qquad \text{式3.5}$$

が成り立ちます。

■────── [問い**❷**]患者に症状 x_3 が現れている確率 $p(x_3)$ はいくらか

この問いに答えるなかで、前章で紹介した和の法則の例示を与えることができます（Appendix C の p.149 を参照）。具体的には、**表3.1** の3行めの患者数を足し合わせ、全患者数に対する割合を出すことで、問い**❷**に答えることができます。

3行めに存在する患者の総計 $n(x_3)$ は、3行めの箱の患者を足し合わせることで、次のように求められます。

$$n(x_3) = n(x_3, \theta_1) + n(x_3, \theta_2) + ... + n(x_3, \theta_{N_c}) \qquad \text{式3.6}$$

総和記号を用いることで、**式3.6** は次のようにより簡潔に書くことができます。

$$n(x_3) = \sum_{c=1}^{N_c} n(x_3, \theta_c)$$　　　　式3.7

$$= 71$$　　　　式3.8

総和記号に不慣れな読者のために補足すると、ギリシャ文字の大文字Σ（シグマ）はその右にある項の総和をとることを表します。Σの上下にある添字は、変数cを1から列数N_cまで1ずつ増加させていくことを意味します。変数cの値を増加させるたびに、$n(x_3, \theta_c)$の値は新たな値をとり、それまでの合計値に足されていきます。その結果として、式3.6 で明示的に並べられているとおりN_c個の値の総和が求められます。総和記号については、Appendix Bも参考にしてください。

図3.3 **c** では、ヒストグラムにおける3行めの柱の高さが$n(x_3)$を表してい

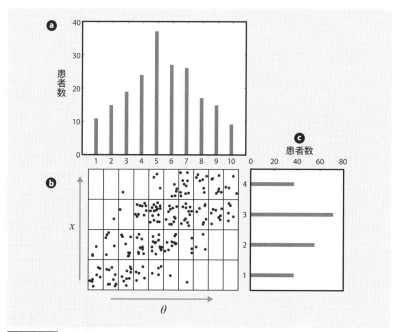

図3.3　　　　同時確率分布とヒストグラム

bは40個の箱から成る配列上の200人の患者の分布を表している（症状の数$N_r=4$, 病気の数$N_c=10$）。行番号はxの値で、また、列番号はθの値で示されている。たとえば、座標(x_2, θ_8)の箱には3人の患者が入っており、どの人も症状x_2があり、かつ病気θ_8に感染している。図**a**は各列に入っている患者（すなわち各病気θに感染している患者）の合計人数を表すヒストグラムであり、図**c**は各行に入っている患者（すなわち各症状xが現れている患者）の合計人数を表すヒストグラムである。

ます。この値を全患者数で割ることで、全患者数に対する割合を出すことができます。この割合が、確率に等しいという仮定に従うと、

$$p(x_3) = \frac{n(x_3)}{N} \qquad \text{式3.9}$$

$$= \frac{71}{200} \qquad \text{式3.10}$$

$$= 0.355 \qquad \text{式3.11}$$

が求められます。この値は、**図3.3 ❻** に示した正規化 **★2** したヒストグラムにおける3行めの柱の高さと一致します。

　式3.3 から、**式3.7** 右辺で足し合わされる各項は、次のように確率として表せることとなります。

$$p(x_3, \theta_c) = \frac{n(x_3, \theta_c)}{N} \qquad \text{式3.12}$$

そして、**式3.7** の両辺を N で割ると、次の式が得られます。

$$p(x_3) = \sum_{c=1}^{N_c} p(x_3, \theta_c) \qquad \text{式3.13}$$

このように、患者に症状 x_3 が現れる確率 $p(x_3)$ は、患者が各病気 θ_c に感染し、かつ症状 x_3 が現れる同時確率を N_c 種類の病気すべてについて足し合わせた値に等しくなります。同様のことを各症状について行った結果は **図3.4 ❻** のとおりです。

■────和の法則

　より一般的には、患者に症状 x が現れる確率は、「患者がある病気に感染しており、かつ症状 x も現れている確率」を、全病気について足し合わせた値となり、次のように表されます。

★2 **訳注**─一定のルールに従ってデータを変形、整形すること。ここでは、すべての柱の高さの総和が1となるように、各高さを一定の割合で変換したという意味。

$$p(x) = \sum_{c=1}^{N_c} p(x, \theta_c)$$ 　　　　　 式3.14

各行の合計を足し合わせたとき、その分布 $p(X)$ が表の周辺 (*margin*) に沿って現れることから、式3.14 で同時確率 $p(X, \Theta)$ を足し合わせていく過程を「周辺化」(*marginalisation*) と呼びます。この例の周辺確率分布は X の周辺尤度の分布であり、ここでは、同時確率分布 $p(X, \Theta)$ における $X=x$ の行に対して和の法則を適用し、式3.14 の変数 Θ がとりうる N_c 個の値に関して和をとっています。これは、式2.11 (2章) で2値のみの変数 Θ に和の法則を適用したときと比べて、より一般的にこの法則を適用した例となっています (Appendix C を参照)。

　配列の4つの行すべてに和の法則を適用すると、式3.14 によって同時分布

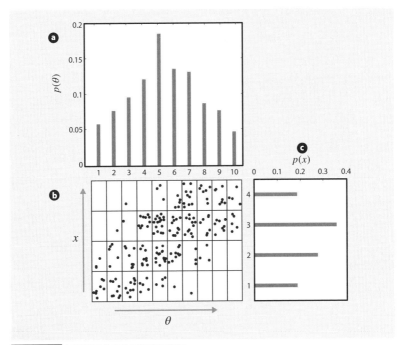

図3.4 　　**同時確率分布と周辺確率分布**

前出の 図3.3 ⓑ と同じく、図3.4 ⓑ は200人の患者の配列における同時確率を表す。ただし、図3.3 ⓐ および 図3.3 ⓒ のヒストグラムが、図3.4 ⓐ と 図3.4 ⓒ では各々周辺分布の確率の和が1になるように正規化されている。図3.4 ⓐ は病気 Θ の事前確率分布 $p(\Theta)$ であり、図3.4 ⓒ は症状 X の周辺尤度の分布 $p(X)$ である。

$p(X, \Theta)$ 図3.4 ⓑ の周辺確率分布 $p(X)$（図3.4 ⓒ と 表3.1 も合わせて参照）が定まります。この**周辺分布**（*marginal distribution*）は、N_r個の確率の値から成る数列で次のように表されます。

$$p(X) = [p(x_1), p(x_2), p(x_3), p(x_{N_r})]$$ 式3.15

$$= \frac{[37, 55, 71, 37]}{200}$$ 式3.16※

$$= [0.185, 0.275, 0.355, 0.185]$$ 式3.17

※値は 表3.1 に基づく。

通常は丸括弧 ( ) を使うところで、それだと見づらいときには、上の式で使用したように大括弧 [ ] を使います。

▪———[問い❸]患者が病気θ_2に感染している確率$p(\theta_2)$はいくらか

　この問い❸は、前の問い❷とほぼ同じであり、同じ論理を用いて答えることができます。問い❸は、患者がθ_2の列にいる確率はいくらかという問いと等しく、その確率は、2列めに入っている患者数を足し合わせた$n(\theta_2)$が全患者数に対して占める割合を計算することで求めることができます。

　N_rを行数、$n(x_r, \theta_2)$をr行めで2列めの箱に含まれる患者数とすると、$n(\theta_2)$は2列めにある箱に割り当てられた患者数を足し合わせることで次のように求められます。

$$n(\theta_2) = \sum_{r=1}^{N_r} n(x_r, \theta_2)$$ 式3.18

$$= 9 + 5 + 1 + 0$$ 式3.19

$$= 15$$ 式3.20

$n(\theta_2)$は 図3.3 ⓒ ヒストグラムの2列めの柱の高さと等しいことに注意してください。この値を全患者数Nで割ることで、確率$p(\theta_2)$が次のように求められます。

$$p(\theta_2) = \frac{\sum_{r=1}^{N_r} n(x_r, \theta_2)}{N}$$ 式3.21

$$= \frac{15}{200}$$ 式3.22

$$= 0.075$$ 式3.23

図3.4 ⓐ には正規化したヒストグラムを載せています。このヒストグラムの2列めの柱の高さが $p(\theta_2)$ を表します。

式3.21 の右辺で足し合わされる各項は患者の割合を表していることに注意し、観測した患者数の割合は同時確率に等しいという仮定に従うと、

$$p(x_r, \theta_2) = \frac{n(x_r, \theta_2)}{N} \qquad \text{式3.24}$$

※ **訳注** Θ は連続パラメーターであるため、厳密には離散値のように表記はできないが、わかりやすさを重視してこのように表記した。

となります。

式3.24 を **式3.21** に代入し、再び和の法則を使うと次のとおりとなります。

$$p(\theta_2) = \sum_{r=1}^{N_r} p(x_r, \theta_2) \qquad \text{式3.25}$$

患者が病気 θ_2 に感染している確率 $p(\theta_2)$ は、患者が病気 θ_2 に感染しており、かつそれぞれの症状が現れている確率を、全 N_r=4 個の症状について足し合わせた値です。10種類の病気すべてでこの計算を行うと、同時確率分布 $p(X, \Theta)$ の周辺分布は、

$$p(\Theta) = [p(\theta_1), p(\theta_2), ..., p(\theta_{N_c})] \qquad \text{式3.26}$$
$$= \frac{[11, 15, 19, 24, 37, 27, 26, 17, 15, 9]}{200} \qquad \text{式3.27} \text{※}$$
$$= [0.055, 0.075, 0.095, 0.120, 0.185, 0.135, 0.130, 0.085, 0.075, 0.045]$$

※値は **表3.1** に基づく。

であり、この分布は **図3.4 ⓒ** に描かれています。この周辺確率分布は、確率変数 Θ の「事前確率分布」です。

条件付き確率

ここからはより興味深い問いであった❹と❺に答えていきます。これらの問いは、条件付き確率に関する問いであり、それらが「より興味深い」のは、現実の場面でも求めるたぐいの値に関するものだからです。

すでに述べたように、同時確率分布が直接わかることはほとんどなく、同時確率分布の標本が得られることさえ稀です。もし同時確率分布がわかるのなら

ば、関連する行（もしくは列）で最も患者の多い箱を見つけるだけで、この問いには答えられる（このあとでその方法を紹介します）のですが、実際はそうはいきません。実際にできるのは、各病気の尤度を知ること、そしてそれにより順確率を導くことです。また、運が良ければ、事前分布も知ることができます。これらの状況を病気診断の例で言うと、尤度がわかるのは、麻疹（はしか）の研究をしている医師が、「麻疹患者の中で、発疹が現れた患者の割合」を発表しているためです。報告されている割合を用いれば、簡単に尤度$p($ 発疹|麻疹$)$ が求められます。同様に、他の病気（天然痘、水疱瘡、インフルエンザ、喘息など）の専門家は、「各病気の患者のうち、発疹が現れている患者の割合」を発表しています。これらのデータが、「各病気に感染した際に発疹が現れる確率の推定値」を構成し、各病気の尤度を求めることができます。以上に加えて、公衆衛生局が母集団における各病気の感染者割合を集計しているかもしれません。そのデータセットにより、各病気に感染している確率の推定値が構成されるため、対象の病気の事前分布が求められます。ここで大事なのは、尤度と事前分布をベイズの定理に従って組み合わせることで、発疹を持つ患者が各病気に感染している事後確率が得られるということです。

■──── [問い❹]患者が病気θ_2に感染しているという条件の下で、
　　　　症状x_3が現れている条件付き確率$p(x_3|\theta_2)$はいくらか

　まず、2列めθ_2の患者の総数を求めます。その列の全4行の患者数を足し合わせると、次のようになります。

$$n(\theta_2) = \sum_{r=1}^{N_r} n(x_r, \theta_2) \qquad \text{式3.28}$$

$$= 15（患者数） \qquad \text{式3.29}$$

続いて、3行2列めの箱に入っている患者を数えると、$n(x_3, \theta_2)=1$ です。2列めには合計で15人の患者がいることから、2列めにおいて3行めに患者がいる確率は1/15ということになり、次のように表されます。

$$p(x_3|\theta_2) = \frac{1}{15} \qquad \text{式3.30}$$

$$= 0.067 \qquad \text{式3.31}$$

上の値は、$n(x_3, \theta_2)$ と $n(\theta_2)$ を確率の表現に変えることで、次のように確か

めることができます。

$$p(x_3|\theta_2) = \frac{\dfrac{n(x_3,\theta_2)}{N}}{\dfrac{n(\theta_2)}{N}} \qquad \text{式3.32}$$

$$= \frac{p(x_3,\theta_2)}{p(\theta_2)} \qquad \text{式3.33}$$

$$= \frac{0.005}{0.075} \qquad \text{式3.34}$$

$$= 0.067 \qquad \text{式3.35}$$

これは、病気θ_2を持つ患者に症状x_3が現れる順確率であり、θ_2の尤度でもあります。

■───── 尤度関数

もちろん、上に示した求め方は、箱(x_3, θ_2)に限らず、3行めの他の箱に対しても等しく適用されます。パラメーターΘが各値をとるという条件の下で、データx_3が観測される確率を計算すると、$p(x_3|\Theta)$が次の式のように定まり、これを「尤度関数」と呼びます [*3]。

$$p(x_3|\Theta) = \left[p(x_3|\theta_1), p(x_3|\theta_2), ..., p(x_3|\theta_{N_c})\right] \qquad \text{式3.36}$$
$$= [0.000, 0.067, 0.053, 0.417, 0.432, 0.407, 0.461, 0.412, 0.533, 0.556]$$

式3.36 の右辺の各項は、**図3.5** に示された尤度関数の各柱の高さと対応します。**式3.30** を導出したのと同様に、次のように表現することもできます。

$$p(x_3|\Theta) = \left[\frac{n(x_3,\theta_1)}{n(\theta_1)}, \frac{n(x_3,\theta_2)}{n(\theta_2)}, ..., \frac{n(x_3,\theta_{N_c})}{n(\theta_{N_c})}\right] \qquad \text{式3.37}$$

■───── 分布同士の演算

式3.37 は、**式3.32** と同様の計算をΘのとりうる値それぞれについて行った結果をひとまとめにする便利な表し方になっています。このようにひとまとめにす

[*3] **訳注** 尤度関数は「関数」と呼ばれていますが、**式3.36** で表されているとおり、これはある種の分布のことを指しています。p.51の脚注やp.80の「非正規化分布」という言葉も参照してください。

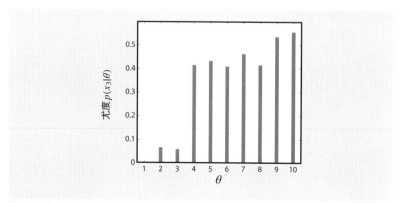

図3.5 尤度関数

Θ（病気）が各値 θ をとるという条件の下で症状 x が現れる条件付き確率 $p(x_3|\theta)$ を集めると、尤度関数 $p(x_3|\Theta)$ が定まる。この尤度関数は、患者が $\Theta = \{\theta_1, \ldots, \theta_{10}\}$ のうちの個々の値に対応する列の病気に感染しているという条件の下で、表の3行めに対応する症状 x_3 が現れている確率を表す。尤度関数の値の和は、必ずしも1にならないことには注意が必要（p.65を参照）。

る方法を、和の法則や積の法則、ベイズの定理にも適用するために、分布同士の掛け算や割り算を定義しておきます。項の数が同じ2つの分布、たとえば、

$$p(x_3|\Theta) = [p(x_3|\theta_1), p(x_3|\theta_2), \ldots, p(x_3|\theta_{10})]$$ **式3.38**

$$p(\Theta) = [p(\theta_1), p(\theta_2), \ldots, p(\theta_{10})]$$ **式3.39**

が与えられた場合、これらの積である $p(x_3|\Theta)p(\Theta)$ は各項の積をとった値の列として定義され、次のとおりとなります。

$$p(x_3|\Theta)p(\Theta) = [p(x_3|\theta_1)p(\theta_1), p(x_3|\theta_2)p(\theta_2), \ldots, p(x_3|\theta_{10})p(\theta_{10})]$$

同様に、2つの分布の商は、項目ごとに割り算を行った値の列で表せます。さて、ここまでくれば $X=x_3$ に関してすべての Θ で **式3.33** を計算し、以下のようにまとめることができます。

$$p(x_3|\Theta) = \frac{p(x_3, \Theta)}{p(\Theta)}$$ **式3.40**

また、積の法則は次のように表されます。

$$p(x_3, \Theta) = p(x_3|\Theta)p(\Theta)$$ **式3.41**

すなわち、要素まで書き表すならば、 式3.41 が意味しているのは、

$$p(x_3, \Theta) = [p(x_3, \theta_1), p(x_3, \theta_2), ..., p(x_3, \theta_{10})]$$
$$= [p(x_3|\theta_1)p(\theta_1), p(x_3|\theta_2)p(\theta_2), ..., p(x_3|\theta_{10})p(\theta_{10})]$$

ということであり、Θ がとりうるすべての θ について、各々積の法則を適用した結果をひとまとめにしたものにほかなりません。こうした分布同士の演算は、この例で挙げたものと同様、2つの分布が同じ個数の項から構成される場合のみ意味をなすことに注意してください。たとえば、$p(X)/p(\Theta)$ は意味をなしません（X は4個の項から構成されるのに対して、Θ は10個の項から構成されているため）。この記法を広げて、分布に対する数値の掛け算や割り算を表すことができます。次の式は分布に対する割り算の例です。

$$\frac{p(\Theta)}{p(x_3)} = \left[\frac{p(\theta_1)}{p(x_3)}, ..., \frac{p(\theta_{10})}{p(x_3)} \right]$$

式3.42

この式もまた、数式の列にをひとまとめにしたものにほかなりません。

■——— 尤度関数は確率分布ではない

定義から明らかなように、離散型確率変数がとりうる値それぞれに対する確率の値をすべて足し合わせると1になります。たとえば、Θ を θ_2 で固定したうえで、確率分布 $p(X|\theta)$ によって定まる尤度の値を X のすべての値について足し合わせると、次のように1になります。

$$\sum_{r=1}^{N_r} p(x_r|\theta_2) = 1$$

式3.43

図3.2 で言えば、この式は列 θ_2 における各行 x_r の箱内の患者数の割合を同じ列内で足し合わせると、合計で1になることを表します。病気と症状で説明するなら、病気 θ_2 に感染している患者のうち、各症状 x_r を持つ患者の割合の和は1になるということです。これは、同じ学校にいる女子と男子の割合を求め、その和をとると必ず1になるのと同様のことです。

今度は、逆に、X の値のほうを x_3 に固定して、尤度関数 $p(x_3|\Theta)$ のとる各値の和、

$$\sum_{c=1}^{N_c} p(x_3|\theta_c) \qquad \text{式3.44}$$

を考えてみましょう。この式は、x_3 行における各列 θ_c の箱内に入っている患者数の割合を求め、列をまたいでそれらの値を足し合わせることを表します。病気と症状で説明すると、同じ症状 x_r が現れているが、感染している病気 θ_c が異なる患者の割合を足し合わせることに相当します。これは、異なる学校の女子の割合を足し合わせて、和が 1 になると期待するようなものです。そのことをどのように表現するかはともかくとして、そのような割合の合計が 1 になるはずだと想定する理由はありません。それゆえに、尤度関数 $p(x_3|\Theta)$ は確率分布ではありません。この事実が重要になることはあまりありませんが、知っておいたほうが良いでしょう。

■──[問い❺] 患者に症状 x_3 が現れているという条件の下で、その患者が病気 θ_2 に感染している条件付き確率 $p(\theta_2|x_3)$ はいくらか

前節と同じような流れに従い、次のように x_3 行の全10個の箱に割り当てられた患者数を足し合わせ、$n(x_3)$ を求めることから始めます。

$$n(x_3) = \sum_{c=1}^{N_c} n(x_3, \theta_c) \qquad \text{式3.45}$$
$$= 71 \qquad \text{式3.46}$$

続いて、3行めの2列めの患者数 $n(x_3, \theta_2)$ を数えると $n(x_3, \theta_2)=1$ です。3行めには計71人の患者がいるので、3行めにいる患者をランダムに取り出したとき、その患者が箱 x_3, θ_2 に含まれている確率は 1/71 であり、そのことは次のように表されます。

$$p(\theta_2|x_3) = \frac{n(x_3, \theta_2)}{n(x_3)} \qquad \text{式3.47}$$
$$= \frac{1}{71} \qquad \text{式3.48}$$
$$= 0.014 \qquad \text{式3.49}$$

$n(x_3, \theta_2)$ と $n(x_3)$ を N で割ることで、患者数の全体に対する割合を求めることができ、割合が背後にある確率と等しいと仮定するなら、次のように計算

することで 式3.47 と同じ結果を得ることができます。

$$p(\theta_2 | x_3) = \frac{\dfrac{n(x_3, \theta_2)}{N}}{\dfrac{n(x_3)}{N}}$$ 式3.50

$$= \frac{p(x_3, \theta_2)}{p(x_3)}$$ 式3.51

これは、患者に症状 x_3 が現れているときに、その患者が病気 θ_2 に感染している確率（逆確率）です。さらに Θ のとりうるすべての値を対象として計算することで、観測データが x_3 であるという条件の下で、パラメーター Θ が各値をとる確率、すなわち事後確率分布 $p(\Theta | x_3)$ が次のように求められます 図3.6 。

$$p(\Theta | x_3) = \frac{p(x_3, \Theta)}{p(x_3)}$$ 式3.52

$$= \frac{\left[p(x_3, \theta_1), p(x_3, \theta_2), \dots, p\left(x_3, \theta_{N_c}\right) \right]}{p(x_3)}$$ 式3.53

この式では、分布 $p(x_3, \Theta)$ の各値を $p(x_3)$ で割ることで、$p(x_3, \Theta)/p(x_3)$ が求まることをあらかじめ仮定しています。これを一般化して、すべての症状 x に関して同様の方法で求めると、事後分布は次のとおり求まります。

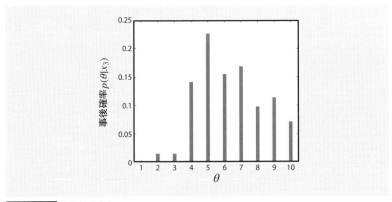

図3.6 事後確率分布

観測データが x_3 であるという条件の下での各パラメーター θ の条件付き確率 $p(\theta | x_3)$ を集めると、事後確率分布 $p(\Theta | x_3)$ が定まる。この分布は、図3.4 ❺ の3行めに対応する症状 x_3 が患者に現れているという条件の下で、列 $\theta_1, \dots, \theta_{10}$ の各病気に感染している確率を表す。

$$p(\Theta|x) = \frac{p(x, \Theta)}{p(x)}$$

式3.54

この両辺に$p(x)$を掛けることで、同時確率分布$p(X, \Theta)$の$X=x$における断面を次のように得ることができます(3.5節のp.72と6.4節のp.120を参照)。

$$p(x, \Theta) = p(\Theta|x)p(x)$$

式3.55

これは(式3.41などと同様に)積の法則の一例です。この式3.55と式3.41を使って、ベイズの定理の導出を行います(2章で行ったベイズの定理の証明で十分だと思う読者は、次節を飛ばしてもかまいません)。

3.3
ベイズの定理の導出

式3.41と式3.55は、それぞれ異なる形で同時確率分布$p(X, \Theta)$の$X=x$における単一の断面($p(x, \Theta)$)を表します。式3.55を左辺に、式3.41を右辺として等号で結ぶことで、次の式が導かれます。

$$p(\Theta|x)p(x) = p(x|\Theta)p(\Theta)$$

式3.56

この両辺を$p(x)$で割ることで、次のようにベイズの定理が導かれます。

$$p(\Theta|x) = \frac{p(x|\Theta)p(\Theta)}{p(x)}$$

式3.57

この式の$p(\Theta|x)$は観測値が定まっている場合の事後確率分布であり、以下では$X=x_3$を例として記述します。

■——— 各確率値に対応するベイズの定理
各々の確率値でベイズの定理を考えると、その式は次のように書くことができきます。

$$事後確率 = \frac{尤度 \times 事前確率}{周辺尤度}$$

たとえば、観測データ $X=x_3$、パラメーター $\Theta=\theta_2$ に特定した場合は、ベイズの定理を書くと次のとおりとなります。

$$p(\theta_2|x_3) = \frac{p(x_3|\theta_2)p(\theta_2)}{p(x_3)}$$ **式3.58**

$$= \frac{(0.067 \times 0.075)}{0.355}$$ **式3.59**

$$= 0.014$$ **式3.60**

▪── 確率分布に対応するベイズの定理

今度はパラメーター Θ がとるすべての値でベイズの定理を考えると、周辺尤度 $p(x)$ のみがスカラー量（単一の値）をとり、残った2つのうち一つは尤度関数、もう一つは確率分布（事前分布）です。

$$事後分布 = \frac{尤度関数 \times 事前分布}{周辺尤度}$$

ここでの例においては、上記の例は、次の式のように書くことができます。

$$p(\Theta|x_3) = \frac{p(x_3|\Theta)p(\Theta)}{p(x_3)}$$ **式3.61**

尤度関数を構成する N_c 個の要素それぞれに対し、対応する事前分布の N_c 個の要素のそれぞれを乗じ、さらに周辺尤度で割ると、事後分布を構成する N_c 個の事後確率が次のとおり求まります。

$$p(\Theta|x_3) = \frac{\left[p(x_3|\theta_1)p(\theta_1), p(x_3|\theta_2)p(\theta_2), ..., p\left(x_3|\theta_{N_c}\right)p\left(\theta_{N_c}\right)\right]}{p(x_3)}$$

$$= \left[p(\theta_1|x_3), p(\theta_2|x_3), ..., p\left(\theta_{N_c}|x_3\right)\right]$$ **式3.62**

式3.62 を言い換えれば、**図3.7 ⓐ** の尤度関数の各列の高さと、対応する **図3.7 ⓑ** の事前分布の値を掛け合わせ、さらに周辺尤度 $p(x_3)$ で割ることで、**図3.7 ⓒ** に示す事後分布が求められるということです。

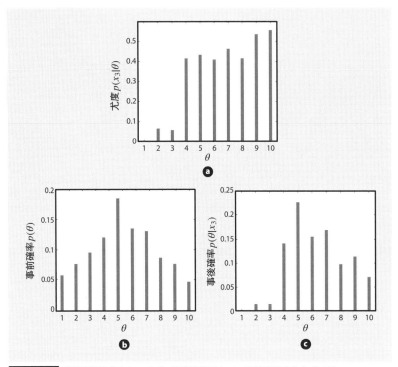

図3.7 離散型確率分布にベイズの定理を適用して、事後確率分布を求める

🅐尤度関数 $p(x_3|\Theta)$ は、患者が病気 $\theta_1, \theta_2, ..., \theta_{10}$ に感染しているという各条件の下で、症状 x_3 が現れている確率を表す。🅑事前確率分布 $p(\Theta)$ は、患者が各病気 $\theta_1, \theta_2, ..., \theta_{10}$ に感染している確率を表す。🅒事後確率分布 $p(\Theta|x_3)$ は、患者に症状 x_3 が現れているという条件の下で、その患者が各病気 $\theta_1, ..., \theta_{10}$ に感染している確率を表す。この🅒を求める過程では、尤度関数🅐と事前分布🅑の各柱の高さが掛け合わせられている(本文を参照)。

■──── 周辺尤度の計算

前章で議論したとおり、通常は周辺尤度 $p(x_3)$ を知る必要はありません。ただし、この値は **式3.14** で導入された周辺化を用いることによって、次のように求めることができる点は指摘しておく価値があります。

$$p(x_3) = \sum_{c=1}^{N_c} p(x_3, \theta_c) \qquad \text{式3.63}$$

この式は、積の法則を用いて、次の形に書き直すこともできます。

$$p(x_3) = \sum_{c=1}^{N_c} p(x_3|\theta_c)p(\theta_c)$$ 式3.64

式3.64 が含むのは、ベイズの定理の右辺の分子を評価するのに必要な項（尤度と事前分布）だけであることに注意してください。同様の計算は同時確率分布 図3.4 ⓑ のどの行にももちろん適用できるので、確率変数Xのすべての値に適用することで、次のように 図3.4 ⓒ の周辺尤度の分布$p(X)$が定まります。

$$p(X) = \left[p(x_1), p(x_2), ..., p\left(x_{N_r}\right) \right]$$ 式3.65

▪── 事前分布と周辺分布

式3.26 で、同時分布$p(X, \Theta)$ 図3.4 ⓐ の周辺分布として事前分布$p(\Theta)$を求めたことを思い出してください。一般的に言って、同時確率の周辺化 式3.14 によって事前分布を求めることができれば理想的です。しかし、これから見ていくように、大抵の場合同時確率分布はわかりません。そこで、ベイズの定理が必要となります。

3.4

ベイズの定理を使う

パラメーターΘがとりうる値のうち最も確率が高い値を推定するために、どのようにベイズの定理を使うことができるかを見ていきましょう。症状x_3を観測したとし、また、$N_c = 10$個の病気$\Theta = \{\theta_1, \theta_2, ..., \theta_{N_c}\}$のうち、患者が感染している確率が最も高いものを推定したいとします。

3.2節（p.61）で説明したように、通常、図3.1 で示されているような同時確率分布$p(X, \Theta)$は利用できません。その一方、事前分布$p(\Theta)$や尤度関数$p(x_3|\Theta)$といった同時確率分布にとって重要な情報に関しては、値がわかる場合や、良い推定値が得られる場合は多く、それらの値を使えば 式3.64 のように周辺尤度$p(x_3)$を求めることができます。そして、そうした把握可能な値をベイズの定理と一緒に使うことによって、式3.61 の事後分布を求めることができます。こ

の計算過程を、**図3.7** で図示しています。**図3.7 ⓐ** は尤度関数 $p(x_3|\Theta)$ であり、**図3.7 ⓑ** は事前分布 $p(\Theta)$、そして **図3.7 ⓒ** は、**図3.7 ⓐ** と **図3.7 ⓑ** で対応する高さを掛け合わせる（その結果をさらにすべて $p(x_3)$ で割る）ことで得られる事後分布 $p(\Theta|x_3)$ です。得られた事後分布から、$p(\Theta|x_3)$ の最大値に対応する Θ の値がわかりますが、その値が Θ の真の値に対する最大事後確率（MAP）推定値です。事後分布は、次のような $N_c=10$ 個の θ それぞれについて計算した事後確率からなります。

$$p(\Theta|x_3) = \left[p(\theta_1|x_3), p(\theta_2|x_3), \ldots, p(\theta_{N_c}|x_3) \right]$$
$$= [0.00, 0.01, 0.01, 0.14, 0.22, 0.15, 0.17, 0.10, 0.11, 0.07]$$

式3.66

ここに示した事後確率の各値は、**図3.7 ⓒ** における各列の高さです。見てのとおり、事後分布の最大値は $p(\theta_5|x_3)$ なので、Θ の真の値の MAP 推定値は $\theta_{MAP}=\theta_5=5$ です。

図3.7 ⓐ の比較的平らな尤度関数と、**図3.7 ⓒ** の「尖った」（peaky）事後確率分布の違いに注目してください。この「尖った」事後確率分布により、最尤推定値よりも MAP 推定値が信頼できることを読み取る方法を、後ほど説明します。それでは、Θ の真の値は何でしょうか。ある意味では、この問いはベイズを用いた分析にとって重要ではありません。なぜなら、現実のどんなパラメーターも、その真の値を知ることはできないからです。とはいえ、ベイズ推定はあらゆる推定のうちで最良であるという事実がある（4.9節で後述）ので、安心して使用することができます。

3.5
ベイズの定理と同時分布

　ベイズの定理の導出過程からわかるように、事後確率分布は同時確率分布 $p(X, \Theta)$ の $X=x_3$ における断面を用いて次のように表現することができます。

$$p(\Theta|x_3) = \frac{p(x_3, \Theta)}{p(x_3)}$$

式3.67

$$= \frac{p(x_3|\Theta)p(\Theta)}{p(x_3)}$$

式3.68

上の式ではベイズの定理を用いていますが、図3.3 ⓑ に示すような2次元同時分布 $p(X, \Theta)$ の値を利用できるとしたら、ベイズの定理を使う必要はまったくありません。$X = x_3$ である場合、3行めの箱にいる患者の数を数えるだけで、最も多くの患者を含むものがわかります。各箱内の患者数 n と同時確率との間には、

$$p(x_3, \Theta) = \frac{n(x_3, \Theta)}{N}$$

式3.69

という関係がありました。そのため、$n(x_3, \Theta)$ が最も大きな値をとる Θ の値がわかれば、同時確率分布の断面 $p(x_3, \Theta)$ を最大化する Θ の値を求めることができます。この例では、3行めにおける最大の患者数(16)の箱は5列めです。したがって、$p(x_3, \Theta)$ を最大化する Θ は θ_5、すなわち、5番めの病気が Θ の真の値の推定値です。

　それでは、この推定方法とベイズの定理の間にはどのような関係があるのでしょうか。 式3.69 でベイズの定理を用いなかったのは、同時確率分布の断面 $p(x, \Theta)$ を直接利用でき、3行めで最も患者数が多い箱を容易に見つけられたからです。ベイズの定理との関係を考えるため、同時確率分布の $X = x_3$ における断面を積の法則を使ってもう一度次のとおり表してみましょう。

$$p(x_3, \Theta) = p(\Theta|x_3)p(x_3)$$

式3.70

この式で、同時確率分布の断面である $p(x_3, \Theta)$ が、$p(\Theta|x_3)$ に比例していることに注目することが重要です。それが重要なのは、$p(x_3)$ の値は事後分布 $p(\Theta|x_3)$ の全体の「形」には影響を与えないことを意味し(4.5節、p.87を参照)、$p(x_3, \Theta)$ と $p(\Theta|x_3)$ は同じ Θ の値で最大値をとることを保証してくれるからです。したがって、$p(\Theta|x_3)$ における MAP 推定値 θ_{MAP} は、断面を表す $p(x_3, \Theta)$ を最大化する値と同じです。私たちは、同時分布 $p(X, \Theta)$ を知ることが通常できないため、ベイズの定理を使いますが、これは両アプローチから

求められる推定値が同じであるためです。

3章のまとめ

　本章では、具体的な同時確率分布を示し、それを使用して、2つの周辺分布を可視化し、さらに特定の事象の尤度と事後確率を求めることによって、詳細に検討しました。この同時確率分布は、2次元配列の各箱内に患者数を割り当てた分布として定義され、その際、各列は患者の感染した病気を表し、各行は患者に現れる症状を表すという解釈を与えました。その場合、各尤度は、ある病気に感染したという条件の下で各症状が現れる確率と解釈でき、各事後確率は、患者に特定の症状が現れたという条件の下で、各病気に患者が感染している確率と解釈できます。同時確率分布から、観測された症状の要因として最も可能性が高い病気が求められることを示しましたが、同時確率分布を利用できる場面は限られています。しかし、事後確率分布からその病気を得ることもでき、ベイズの定理によって求められるのです。

4章

連続パラメーターの推定

> もし、パラメーターの値に関する情報を持っていないのであれ
> ば、「情報を持っていない」という事実を表す（事前）確率を選ばな
> くてはならない。

——Harold Jeffreys, 1939 ※
『Theory of Probability』(Clarendon Press)
※ハロルド・ジェフリーズ（イギリスの統計学者）。

4章のはじめに

　本章では、連続変数を扱う場合のベイズの定理について学んでいきます。連続変数がとる値は、直線上に密に並んでいる点のようなものであり、各点は実数(*real number*)値に対応します。連続値を使う大きな利点は、扱いやすい数式によって確率分布を表せるのが通常であることです。ここで言う数式は数個の主要なパラメーターによって定まるものであり、そのことから、確率分布に「パラメトリックな」表現を与えるものだと言われます。

　ここでは、わかりやすさのため、コインの偏り推定の例を用いますが、ここで行うタイプの分析は、観測値を表す変数xが連続パラメーターθに依存する状況なら、その変数が離散であるか連続であるかを問わず適用できます。たとえば、連続パラメーターθが気温を表し、変数xはアイスクリームの売り上げ個数（離散値）を表す状況もありえますし、xが湖から蒸発する水の量（連続値）を表す状況もありえます。

4.1

連続尤度関数

（60%の確率で表面が出る）偏り$\theta_{true}=0.6$のコインを使って$N=10$回コイントスをすることを考えます。最初の7回は表面x_hが出て、最後の3回は裏面x_tが出たとします。最初の7回の結果は次の列（順列）で表されます。

$$\mathbf{x}_h = (x_h, x_h, x_h, x_h, x_h, x_h, x_h)$$ 式4.1

一般に、コインの偏りの値がθであるという条件の下でコインの表面が出る確率は$p(x_h|\theta)=\theta$です。そして、各コイントスはそれぞれ独立であることから、順列$\mathbf{x}_h$が発生する条件付き確率は次のように表されます。

$$p(\mathbf{x}_h|\theta) = p((x_h, x_h, x_h, x_h, x_h, x_h, x_h)|\theta)$$ 式4.2

$$= p(x_h|\theta)^7$$ 式4.3

$$= \theta^7$$ 式4.4

最後の3回は順列$\mathbf{x}_t=(x_t, x_t, x_t)$によって表され、各コイントスで裏面が出る確率は$p(x_t|\theta)=1-\theta$なので、偏りが$\theta$であるという条件の下での$\mathbf{x}_t$の条件付き確率は、以下のとおりです。

$$p(\mathbf{x}_t|\theta) = p((x_t, x_t, x_t)|\theta)$$ 式4.5

$$= p(x_t|\theta)^3$$ 式4.6

$$= (1-\theta)^3$$ 式4.7

7回連続表面が出た後に、3回裏面が出た場合の順列は、$\mathbf{x}_h$と$\mathbf{x}_t$を連結した$\mathbf{x}=(x_h, x_h, x_h, x_h, x_h, x_h, x_h, x_t, x_t, x_t)$として表すことができます。$\mathbf{x}_h$と$\mathbf{x}_t$は独立したコイントスの結果を表すものであるため、$\mathbf{x}$の発生確率は、次のとおりです。

$$p(\mathbf{x}|\theta) = p(\mathbf{x}_h|\theta)p(\mathbf{x}_t|\theta)$$ 式4.8

$$= \theta^7(1-\theta)^3$$ 式4.9

式4.9 は、二項分布に関連して現れる形の式です（Appendix Eを参照）。

■――――最尤推定値の求め方

Θ のとりうるすべての値に対する尤度を考えれば、尤度関数は次のように定まります。

$$p(\mathbf{x}|\Theta) = [p(\mathbf{x}|\theta_1), p(\mathbf{x}|\theta_2), ...]$$ 　**式4.10** ※

$$= \left[\theta_1^7(1-\theta_1)^3, \theta_2^7(1-\theta_2)^3, ...\right]$$ 　**式4.11**

$$= \Theta^7(1-\Theta)^3$$ 　**式4.12**

※**訳注** Θは連続パラメーターであるため、厳密には離散値のように表記はできないが、わかりやすさを重視してこのように表記した。

さまざまな値の θ に対して **式4.12** を計算することで、データ $\mathbf{x}$ に対する尤度関数をプロットすることができ、右辺の各要素が **図4.1** のグラフの各点の高さを表します。そして、$\theta=0.7$ のとき、尤度関数が次のような最大値をとることがわかります。

$$p(\mathbf{x}|\theta) = \theta^7(1-\theta)^3 = 0.0022$$ 　**式4.13**

尤度関数の値を最大化する θ の値は、真の値 $\theta_{true}=0.6$ の最尤推定値（MLE）であり、上で求めたように $\theta_{MLE}=0.7$ と表されます。より一般的に、コインの偏りの最尤推定値は、コイントスで表面が観測された割合と一致することが証明できます。

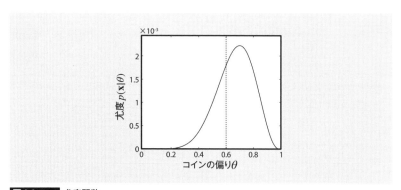

図4.1　尤度関数

θ を変数とする尤度のグラフ。具体的には、10回コイントスを行った結果、7回表面が出る確率のグラフ。ただし、コインの偏りを表す Θ は 0 から 1 の範囲をとるものとした。尤度関数 $p(\mathbf{x}|\Theta)$ が最大値をとるのは $\theta=0.7$ のときであり、この値が Θ の真の値の最尤推定値（MLE）となる。Θ の真の値 $\theta_{true}=0.6$ は、図中に垂直な点線で表されている。Y軸の値は 1/1000 倍されていることに注意。

図4.1 を描く過程で異なる θ を **式4.13** に代入することにより、コイントスの結果（10回中7回が表面）と最も一致する θ はどの値か、事実上「試して」います。すなわち、10回中7回が表面という結果を最も発生させやすい θ の値を探しているのです。得られた結果は、観測データに基づいた θ_{true} に関する最良の推定値 θ_{MLE} を表します（ただし、事前の経験に基づく情報は含まれていません）。なお、観測した表面の数が変わると、尤度関数も最尤推定値も異なることに注意してください（**図4.17** を参照）。

■——「データの発生確率」とは何か

一見すると、上で記した観測データに対する考え方は奇妙です。すでに観測しているデータについてその発生確率について語るのは間違っているようにも聞こえます。なぜデータの発生しやすさを気にする必要があるのでしょうか。実は、ここで気にしているのはデータの発生確率そのものではありません。気にしているのは、推定したいパラメーターを二項分布モデルと関連づけたうえ、そのデータが発生する確率はいくらかです。具体的には、モデル内において、観測データを最も高い確率で生成する θ の値を求めています（データと最も一致する θ の値とも言えます）。

θ によって尤度がどのように変化するかを表す数式はすでにわかっているので、尤度関数の値を何度も（時には何千回も）計算しなくても、最尤推定値を見つけることができます。基本的に、尤度関数の数式さえ得られれば、**図4.1** に示されているように、その数式で表される曲線の傾きは最尤推定値のところで 0 になります。微積分を使うなら、その数式で表される関数を微分することで傾きを表す式を見つけ、傾きが 0 であるときの θ の値を求めれば、最尤推定値がわかります。傾きの特性を利用した分析の詳細は、事後分布の最大値を求める文脈で解説します（4.6節のp.85を参照）が、同じ原理は最尤推定値を見つける際にも利用されます。

確率密度関数と確率関数

確率変数が離散型の場合と連続型の場合の確率分布を区別するために、使用する専門用語には若干の違いがあります。確率分布が占める面積が 1 であるという要件の下で、離散変数の確率分布を表す関数のことを「確率関数」（*probability* function, pf)、変数が複数ある場合は「同時確率関数」(*joint probability function*)と呼びます。一方、連続変数の確率分布を表す関数は**確率密度関数**(*probability density function*, pdf)、確率変数が複数ある場合は「同時確率密度関数」(*joint probability density function*)と呼びます(Appendix D の p.152 を参照)。たとえば、事前分布や事後分布についても、確率変数が離散値である場合は確率関数、連続値である場合は確率密度関数が定義されます。確率関数の場合、確率変数のとるすべての値についての確率の和が1であり、確率密度関数では、分布によって表される領域の面積が1となります。一方、尤度の分布では、確率の和が1になるとは限りません(p.65 を参照)。したがって、尤度の分布は確率関数や確率密度関数で表されるものではなく、「非正規化分布」(*un-normalized distribution*)と呼ばれることがあります。どの種類の分布を指しているのかは明らかであることが多いので、本書では、説明を平易にするため、確率関数で表されるものも、確率密度関数で表されるものも、尤度関数もどれにも「分布」という言葉を使います。

4.2
二項分布の事前分布

　コインの偏りを推定するための膨大な実験実績があり、その中で調べたすべてのコインに対して、それぞれの偏りの推定値の記録が保持されているとします。その偏りの頻度は、ヒストグラムとして描くことができます **図4.2 ❶**。このヒストグラムは、コインの偏りに関して過去の実績に含まれる全知識を表しています。これにより、コイントスを行う前に、コインの偏りがどの値をとりやすいか知ることができます。このヒストグラムの高さは、$\theta=0.5$ で最大値をとっていること、また、その値は全コインの偏りの平均値でもあることに注意してください。また、ヒストグラムがどう広がっているかの幅を見ることで、コインの偏りに関する事前知識にどれくらい確信がもてるか、その手がかりを得られます。ヒストグラムの幅が狭いのなら、どのコインを新たに選んだとしても、その偏りが $\theta=0.5$ に近い値であると、かなりの確信を持てます。逆に、中心の位置が $\theta=0.5$ で変わらなくても、幅が広いとすれば、$\theta=0.5$ が最良の推測であることは変わらな

いものの、偏りが0.5に近い値をとることに対する確信は薄れます。

このヒストグラムを面積が1になるように(すなわち、全確率が1となるように)正規化し、それに曲線を当てはめれば、その曲線は確率密度関数の良い近似となります(Appendix D)。その確率密度関数は、事前分布を表すものであるため、「事前確率密度関数」(*prior probability density function*)と呼びます。便宜のため、ここでは事前確率分布を、二項分布に関連して現れる次の形の式で定義します(Appendix Eを参照)。

$$p(\Theta) = \Theta^2(1 - \Theta)^2 \qquad \text{式4.14}$$

$0\sim1$の範囲をとるΘの値を **式4.14** に代入すると、**図4.2 ⓑ** および **図4.3 ⓐ** に示される事前分布のグラフが得られます。

現実には、(コインの偏りやコイントスの結果といった)データの有限な標本を得ることができるだけで、その標本を生成している連続分布を見ることはできません。連続分布を観測することはできませんが、あたかもそのような分布が存在し、数式で記述できるかのように処置するのが好都合だとわかることはよくあります。その際の数式は、観測データに対するモデルの候補として位置づけられ、それゆえ観測データは真のモデルが持つ分布に対する近似として扱われます。

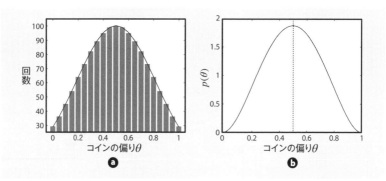

図4.2 コインの偏りの事前分布

ⓐ1432枚のコインのコイントス結果に基づく、コインの偏りの推定値のヒストグラム(階級数は21)
ⓑ正規化したヒストグラムに対して当てはめた二項分布の事前分布用関数のグラフ。コインの偏りの事前確率密度関数に近似する

4.3

事後分布

　ここまでで、尤度関数 $p(\mathbf{x}|\Theta)$ を表す **式4.12** と事前確率分布 $p(\Theta)$ を表す **式4.14** は得られました。次に、ベイズの定理を使ってこれらを組み合わせることで、事後確率分布 $p(\Theta|\mathbf{x})$ を求め、さらに連続値をとるパラメーター Θ の最良の推定値を求めます。

　2つの病気の事後確率は、病気それぞれの尤度に対して事前確率で重み付けすることで求められたことを思い出してください。その計算は、尤度関数 $p(\mathbf{x}|\Theta)$ **図4.3 ⓑ** の各値と、対応する事前確率分布 $p(\Theta)$ **図4.3 ⓐ** を掛け合わせることで事後確率分布 $p(\Theta|\mathbf{x})$ **図4.3 ⓒ** を得ることと同じです。

　前章では離散的な Θ の各値で事後確率の値を求めて事後確率分布を表しましたが、ベイズの定理を使うと、次のように（連続型である）事後確率分布を表す式が導出できます。

$$p(\Theta|\mathbf{x}) = \frac{p(\mathbf{x}|\Theta)p(\Theta)}{p(\mathbf{x})} \qquad \text{式4.15}$$

$$\propto \Theta^7(1-\Theta)^3 \times \Theta^2(1-\Theta)^2 \qquad \text{式4.16}^{※}$$

$$= \Theta^9(1-\Theta)^5 \qquad \text{式4.17}$$

※ **訳注** 原文では **式4.16** は等号で結ばれているが、より正確に比例記号 $\propto$（propto）を用いた。

　式4.16 と **式4.17** では、定数である $p(\mathbf{x})$ を省略しています（4.5節を参照）。$0 \sim 1$ の値をとる Θ の値を **式4.17** に代入することで、**図4.3 ⓒ** のような事後確率分布を描画することができます。この事後確率分布が頂点をとる位置は、θ_{true} に関する最大事後（MAP）推定値と一致します。この例では、最尤推定値 $\theta_{MLE}=0.7$ に対して、10回のコイントスに基づく最大事後推定値 θ_{MAP} は 0.64 です。さらに重要なことに、事後確率分布を表す数式を一度得てしまえば、**図4.3 ⓒ** のようなグラフはもはや必要ありません（確率分布の視覚化には便利ですが）。なぜなら、微分を使って、解析的に MAP 推定値を求められるからです（4.6節を参照）。

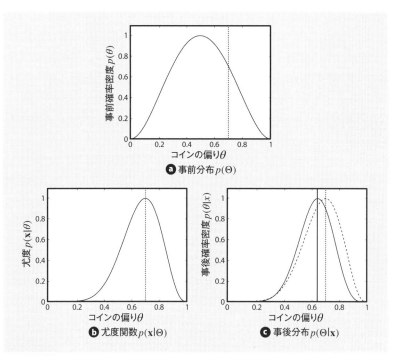

図4.3 ベイズの定理を用いた事後分布の推定

ⓐコインの偏りθに関する事前確率分布$p(\Theta)$。ⓑ表面が7回出たときの尤度関数$p(\mathbf{x}|\Theta)$。尤度関数の頂点となる箇所がθ_{true}の最尤推定値$\theta_{MLE}=0.7$（垂直点線で示す）。ⓒの実線は事前確率分布$p(\Theta)$と尤度関数$p(\mathbf{x}|\Theta)$の値を掛け合わせ、縮尺を変更した事後確率分布。分布のピークとなる箇所がθ_{true}の最大事後推定値$\theta_{MAP}=0.64$。ⓒの点線はⓑ尤度関数の再掲。それぞれのグラフは1を最大値とするように縮尺をとっている。

4.4

事前分布を設定する合理的な根拠

θ_{true}の確率で表面が出るコインがあるとして、その真の偏りθ_{true}を推定するには、コイントスで表面が出た割合の測定値を用いることになります。しかし、どんな測定装置も完全なわけではなく、たとえば表面の数を数え間違えるかもしれません。このため、実際に表面が出た割合x_{true}を測定し、これに基づいて推定した値xにはノイズが含まれます。加えて、実際に表面が出た割合x_{true}

もまた、θ_{true} と関連する確率的な値です（x_{true} は、θ_{true} 付近の値をランダムにとることになります）。したがって、ここには少なくとも2種類の不確実性が存在します。一つは測定によって得られた値 x に関する不確実性、もう一つは x_{true} とパラメーター Θ との関係にまつわる不確実性です（p.29, **図1.12** を参照）。

これらの不確実性は、Θ の値における不確実性として表現され、その内容が尤度関数 $p(x|\Theta)$ を定めます。ただし、もし事前分布 $p(\Theta)$ がわかっていれば、それを使って Θ の不確実性を減らすことができます。要するに、これがベイズの定理が行っていることです。すなわち、Θ の MAP 推定値を求めようとするとき、測定値 x が与えられているならば、ベイズの定理の指示どおりに最尤推定値 θ_{MLE} を「調整」すれば、θ_{MAP} の値は θ_{MLE} よりも（平均的に見れば）正確になります。

以上で述べたように、入手可能な情報 x は不完全なものであり、それは、真の値 x_{true} に対するノイズがあるためか、もしくは、測定した x にノイズが含まれず $x = x_{true}$ であったとしても、パラメーター Θ の真の値 θ_{true} との関係が確率に左右されるためです。いずれが原因であっても、ベイズの定理は、推定したパラメーター値に対して（場合によっては偏って見える）事前分布を設定し、重み付けを行う合理的な根拠を与えます。この重み付けにより、測定値の持つ不確実性を減らし、現実の世界で最も可能性が高いとされる推定値を得ることができます。

4.5

一様事前分布

未知のパラメーター（たとえばコインの偏り）に対する事前知識を持っていないときのことを考えてみます。事前知識がないゆえに、どの偏りにも重み付けをする理由がないときはどうすれば良いのでしょう。このような場合、2つの選択肢があります。

一つは、観測したデータ（コイントスの結果）に基づいて尤度関数を求め、それを事後分布として用いる方法です。これは、明示的ではないですが、パラメーターに関する知識や事前の経験がないことを表しています。この方法では、パ

ラメーターの事前分布として一様事前分布を暗黙のうちに利用しています。

二つめは、特定の事前確率分布によって「情報を持っていないこと」（無情報性）を明示的に示す方法です。各尤度にどれくらいの重みを与えれば良いのかはわからないので、すべての尤度に等しく重み付けを行うのが「偏りがない」ように見え、実際にそのようにしたものを「一様事前確率分布」（*uniform prior probability distribution*）と呼びます。

実際に適用したときは、この2つの選択肢はどちらも同じ結果となります。たしかに 図4.4 ⓑ に示す尤度関数と 図4.4 ⓒ の事後確率分布を比較すると、まったく同じであることが見てとれます。それでは、なぜわざわざ一様事前分布を設定するのでしょうか。それは、暗黙のうちに仮定された一様事前分布を明示

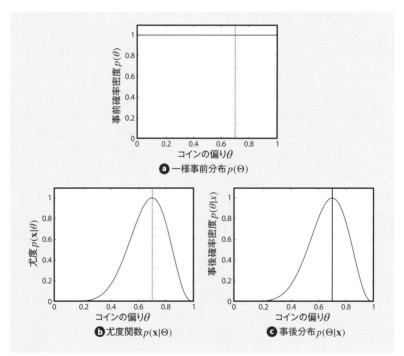

図4.4 ■一様事前確率分布を用いたときのベイズの定理

ⓐコインの偏り Θ に関する一様事前分布 $p(\Theta)$。ⓑ10回中表面が7回出たときの尤度関数 $p(\mathbf{x}|\Theta)$。ⓒ事前確率分布 $p(\Theta)$ と尤度関数 $p(\mathbf{x}|\Theta)$ の値を掛け合わせ、縮尺を変更した事後確率分布。一様事前分布は、尤度関数と事後確率分布が同じ形をとり、$\theta_{MLE}=\theta_{MAP}$ であることを保証する。表示の都合上、グラフⓑとⓒの最大値は1となるように縮尺をとった。

的な分布で置き換えるという、ベイズで広く用いられるこの手法をとれば、無情報ということの本質を明確にすることになるためです。なぜそれが重要かというと、「偏りが最も小さい」分布が一様分布ではないことがあるからです。そのような一様ではない事前分布は、無情報であるにもかかわらず生じるのではなく、無情報であるがゆえに生じます。ベイズの枠組みを使う場合、パラメーターに関して無情報であることは明示しなければならないという点は本質的です。その結果、「偏りのない」、つまり必ずしも一様ではない**参照事前分布**（*reference prior*）を使うこともあります。実のところ、コインの偏りを推測する際の参照事前分布は一様分布ではないのですが、ここでは暫定的に一様であるとして議論を進めます。参照事前分布の使い方については、4.8節（p.94）で詳しく扱います。

　Θ が従う分布についての情報を持っていない場合、一様事前確率分布 $p(\Theta)=c$（c は定数）を事前分布として割り当てるのは自然なことのように見えます **図4.4 ⓐ** 。θ のとりうる範囲が θ_{min} と θ_{max} の間であるならば、事前確率分布の面積は $c(\theta_{max}-\theta_{min})$ です。Θ は必ず何らかの値をとるので、$p(\Theta)$ の確率の総和は 1 でなくてはならず、そのため、$c(\theta_{max}-\theta_{min})=1$ であり、したがって $c=1/(\theta_{max}-\theta_{min})$ です。コインの偏りの例では、$\theta_{min}=0, \theta_{max}=1$ であるため、事前分布のとりうる範囲の大きさは 1 であり、これにより $c=1$ であることがわかります。したがって、各尤度の値は事前確率分布から同じ重み（この例では $c=1$）で重み付けされることになります。より一般的に言えば、c が定数であるならば、その値の大きさにかかわらず事後確率分布は尤度関数と同じ形をとります **図4.4 ⓒ** 。

　上で述べたように、一様事前確率密度関数は尤度関数と同じ形の事後確率分布を導き出します。このことは、両分布の確率密度を最大にする θ の値が等しいことを意味します。それぞれの分布で最大値をとる θ の値は、θ_{true} に関する最尤推定値（MLE）と最大事後（MAP）推定値に対応しており、したがって $\theta_{MLE}=\theta_{MAP}$ だということになります。

　これらのことを考慮すると、$\Theta=\theta$ である事後確率密度は、以下のとおりになります。

$$p(\theta|\mathbf{x}) = \frac{p(\mathbf{x}|\theta)p(\theta)}{p(\mathbf{x})} \qquad \boxed{\text{式4.18}}$$

$$\propto \theta^x(1-\theta)^{N-x} \qquad \boxed{\text{式4.19}}^※$$

※ **訳注** 原文では **式4.19** は等号で結ばれていたが、より正確に比例記号 $\propto$ を用いた。

$p(\mathbf{x})$ は定数であるため、**式4.19** では無視しています。

尤度関数の場合（p.78）と同様、**式4.19** を使って $0\sim1$ の範囲内の各 θ で $p(\theta|x)$ の値を評価し、グラフを描くことができます **図4.4 C** 。10回中7回表面が出た場合には、最も可能性が高い $\theta=0.7$ が、**図4.4 C** の最大値に対応しており、この値が θ_{true} の MAP 推定値となります。

MAP推定値は定数に影響されない

事後分布 $p(\Theta|x)$ の数式を導出したのは、事後分布 $p(\Theta|x)$ の最大値（ピーク）に対応する値、すなわち θ_{MAP} を見つけるためです。一例として、**図4.4 C** に示した事後分布に対して、無作為に選んだ3つの異なる尺度定数 c を掛け合わせ、再描画したグラフを **図4.5** に示します。この図を見て気づくのは、c の値が異なり、グラフの高さが変わったとしても、その最大値をとる場所は変わらないということです。このように、事後分布の縮尺を変更しても、最大値をとる θ の値は $\theta=0.7$ で変わりません。

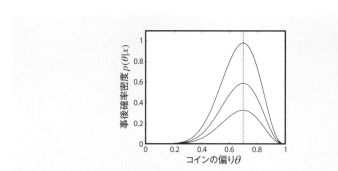

図4.5 **図4.4 C** の事後確率分布を **式4.19** に対して異なる3つの尺度定数を掛けて再度描画した図

定数の値を変更しても、$p(\theta|x)$ が最大となる θ の値（MAP推定値、図中の垂直点線）には影響がないことを示す。

　これは、分布を最大化(もしくは最小化)するパラメーター(ここではθ)を見つけ出す際に一般的に言えることです。すなわち、最大値を求めるのが目的であれば、θの変化に影響を受けない項(**例** $p(\mathbf{x})$)は定数として扱うことができ、実質的に無視することができます。さらに、同じことは事後分布と尤度関数に対しても通用し、これがMLEを求めるときにも定数を無視することができる理由です。また、本書で多くのグラフを、最大値が1となるように縮尺を変えていることも、このことから正当化されます。同様の考え方に従えば、加算される定数項も無視することができます。

4.6
MAPの解析的な求め方

　上で行ったように、Θがとりうる値をすべて調べ上げることで、MAP推定値を求めることもできます。別の方法として、事後確率分布を表す数式を手にしているなら、全探索せずとも解析的方法で求めることができます。

　以下で説明するように、はじめに事後確率分布を対数変換することで、より楽にMAP推定を行うことができます。どんな分布に(たとえば事後確率分布に)対数変換を施しても、**図4.6** の例のように、縮尺変更と異なり分布全体の形状は変わりますが、最大値(もしくは最小値)をとる値には影響はありません。先へ進む

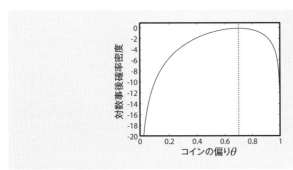

図4.6 **図4.5**(図の中の最も上の曲線)で示されていた事後分布を対数事後分布として描き直したもの

対数変換によって分布の形状は変わるが、最大となる箇所(垂直の点線)に変化はない。

ために必要な注意を述べておくと、2つの数aとbについて、$(a \times b)$の対数は、

$$\log(a \times b) = (\log a) + (\log b)$$
式4.20

となり、各値を指数αとβでべき乗した場合、

$$\log\left(a^{\alpha} b^{\beta}\right) = (\alpha \log a) + (\beta \log b)$$
式4.21

となります。

同様の式変形を行えば、式4.19 を対数変換して得られる、「対数事後確率密度」(log posterior probability density)は次のとおりとなります。

$$\log p(\theta|x) = x \log \theta + (N - x) \log(1 - \theta)$$
式4.22

対数事後確率密度をθで微分すると、次のとおりとなります。

$$\frac{d \log p(\theta|x)}{d\theta} = \frac{x}{\theta} - \frac{N - x}{1 - \theta}$$
式4.23

微分した結果(微分係数)は 図4.6 の対数事後分布の傾きを表し、分布の最大値でその傾きは0であることからすると、θ_{MAP}で微分係数は0となります。そのため、式4.23 で得た微分係数の値を0とすると、θをθ_{MAP}で置き換えることができ、次のように書き表せます。

$$\frac{d \log p(\theta|x)}{d\theta} = \frac{x}{\theta_{MAP}} - \frac{N - x}{1 - \theta_{MAP}}$$
式4.24
$$= 0$$
式4.25

θ_{MAP}を求めるために上の式を整理すると、$\theta_{MAP} = x/N$が導出されます。したがって、一様事前分布を用いた場合、MAP推定値θ_{MAP}の値はN回のコイントス中に表面が出た割合によって与えられます。

各項の和で構成される式(たとえば 式4.22)を微分するのは、積から構成される式(たとえば 式4.19)を微分するよりも遥かに簡単です。このことがおもな理由で、事後確率密度をそのまま扱うのではなく、対数事後確率密度にしてから計算します(尤度と対数尤度についても同様のことが言えます)。すでに説明したように、事後確率密度と対数事後確率密度は同じ値θ_{MAP}で最大値をとりますから、θ_{MAP}の推定には対数事後確率密度を使うことができるのです。

4.7

事後分布の更新

　ここでは、コインの偏りの事後分布が一連のコイントスの結果によって、どのように変化していくか、一様事前分布を使った場合で考えます **図4.7** 。

　最初のコイントスの結果が表面で、それを x_1 と表すなら、**図4.1** と同じ考え方に従えば、事後分布は次の式で表されます（グラフは **図4.7 ⓐ** を参照）。

$$p(\Theta|x_1) = \frac{p(x_1|\Theta)p(\Theta)}{p(x_1)} \qquad \text{式4.26}$$

$$= \Theta^1(1-\Theta)^{1-1} \qquad \text{式4.27}$$

$$= \Theta \qquad \text{式4.28}$$

2個めのコインが裏面だった場合、その結果を x_2 で表すと、事後分布は次の式で表されます。

$$p(\Theta|x_1, x_2) = \frac{p(x_1, x_2|\Theta)p(\Theta)}{p(x_1, x_2)} \qquad \text{式4.29}$$

$$= \Theta(1-\Theta) \qquad \text{式4.30}$$

コインの偏り 0〜1 の各値での事後確率密度（$p(\theta|x_1, x_2)$）の値も **図4.7 ⓑ** に描きます。事後確率密度の計算は、コイントスの回数が増えるたびに繰り返されます。**図4.7** で示すとおり、事後分布が最大となる θ の値は N（コイントスの回数）が増えるに従って真の値である $\theta_{true}=0.6$ に近づきます。

二項分布の場合の誤差

　コイントスの回数 N が増えるに従って、事後確率分布の幅は狭くなっていきます。そして、最大値をとる Θ の値に対する信頼度は増加します。ここで知りたいのは、N の増加に伴って幅がどれくらい狭まっていくかを示す正確な値です。ただし、ここで言う幅は、分布の**標準偏差**（*standard deviation*, 用語説明は Appendix A を参照）によって定義されるものとします。**式4.19** で表される事後

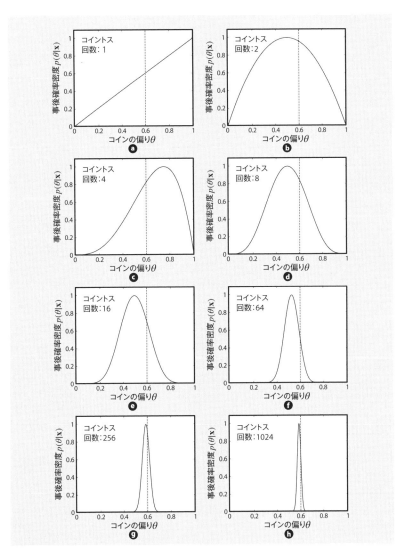

図4.7 コインの偏りの事後確率分布 $p(\Theta|x)$

真の偏り θ_{true} が0.6（点線）であるコインを使ったコイントスで、そのコイントス回数 N それぞれでの Θ の事後確率分布を示す。**ⓐ**～**ⓒ**を例にすると、以下のとおりである（**ⓓ**～**ⓗ**も同様）。

ⓐ 1回コイントスを行い、表面が出た場合の確率分布 $p(\Theta|x_1)$

ⓑ 2回コイントスを行い、表面と裏面が出た場合の確率分布 $p(\Theta|x_1, x_2)$

ⓒ 4回コイントスを行い、3回表面が出た場合の確率分布 $p(\Theta|x_1, x_2, x_3, x_4)$

各グラフは、最大値が1となるように調整されている（Appendix I の MATLAB のソースコードを参照）。

分布の標準偏差は、

$$\sigma_N = \sqrt{\frac{\theta_{MAP}(1-\theta_{MAP})}{N}}$$

式4.31

となります[38]。この式によれば、コイントスの回数 N が増えると、標準偏差 σ_N は $\frac{1}{\sqrt{N}}$ に比例して縮小し、そして、σ_N が減少に伴って θ_{MAP} の値への信頼度は増加してきます。そのことは、図4.7 で事後分布の幅が狭くなっていくことから様子はわかります。式4.31 は有用な式であり、コイントス以外の幅広い文脈で適用されます。

逐次推論

ここまで、複数回のコイントスの結果に基づいてコインの偏りを推定する方法はすでに見てきました。しかし、裁判で新たな証拠が提出される場面と同様に、毎回行うコイントスは、そのたびにコインの偏りに関する追加の証拠をもたらします。全結果の観測まで待つことなく、すでに得られた結果に基づいて事後分布を計算し、それを事前分布として使うことで、次のコイントスの結果を解釈することができます。

2回のコイントスの結果 x_1 と x_2 を得ているとき、事後確率分布は次の式で表されます。

$$p(\Theta|x_1,x_2) = \frac{p(x_1,x_2|\Theta)p(\Theta)}{p(x_1,x_2)}$$

式4.32

続けて得られる結果が相互に独立であり、したがって2回めのコイントスの結果が1回めに依存しないのであれば、分母である同時確率は次のように分解できます。

$$p(x_1,x_2) = p(x_1)p(x_2)$$

式4.33

同様に、尤度関数も次のように分解できます。

$$p(x_1,x_2|\Theta) = p(x_1|\Theta)p(x_2|\Theta)$$

式4.34

式4.33 と **式4.34** を **式4.32** に代入すると、次の式が得られます。

$$p(\Theta|x_1, x_2) = \frac{p(x_2|\Theta)}{p(x_2)} \times \frac{p(x_1|\Theta)p(\Theta)}{p(x_1)}$$

式4.35

式4.26 $(p(\Theta|x_1)=p(x_1|\Theta)p(\Theta)/p(x_1))$ より、**式4.35** の最後の項は $p(\Theta|x_1)$ と書き直せるので、**式4.35** は **式4.36** のように変換できます。

$$p(\Theta|x_1, x_2) = \frac{p(x_2|\Theta)p(\Theta|x_1)}{p(x_2)}$$

式4.36

この式から、1回めのコイントスから得られる事後確率分布 $p(\Theta|x_1)$ は、2回めのコイントスを行った後に偏りを推定するための事前分布としての役割を果たせることがわかります。より一般性を高めるために、N回のコイントスにおける結果の組み合わせを $\mathbf{x}_N = \{x_1, x_2, \ldots, x_N\}$ と定義すると、表面の数は $0 \sim N$ の値をとります。これまでどおり、事後確率分布は次のように書けます。

$$p(\Theta|\mathbf{x}_N) = \frac{p(\mathbf{x}_N|\Theta)p(\Theta)}{p(\mathbf{x}_N)}$$

式4.37

もう一度コイントスを行った場合、$N+1$ 個の結果を $x_{N+1}=(\mathbf{x}_N, x_{N+1})$ として得ることができるので、その事後分布は次のように表されます。

$$p(\Theta|\mathbf{x}_{N+1}) = \frac{p(\mathbf{x}_{N+1}|\Theta)p(\Theta)}{p(\mathbf{x}_{N+1})}$$

式4.38

ここで、**式4.36** を求めたのと同様の方法で式変換を行い、事後分布 $p(\Theta|x_N)$ を次のコイントス x_{N+1} における事前確率として使って、事後分布を更新することができます。

$$p(\Theta|\mathbf{x}_{N+1}) = \frac{p(x_{N+1}|\Theta)p(\Theta|\mathbf{x}_N)}{p(x_{N+1})}$$

式4.39

この手法は、それ以降に続くコイントスの結果に対して繰り返し適用することができます。ここでは、コイントスの結果は相互に独立であるということによって、全データを同時に使って計算しても **式4.38**、逐次計算しても **式4.39**、事後分布は同一になるということが保証されているという点に注意してください。

4.8
参照事前分布

　未知のパラメーターに対して、何が偏りがない事前分布を構成するかという問題は、ベイズ的な分析の核心です。ベイズもパスカル[*1]も、すべてのパラメーターに対して等しく、かつ一様な事前確率を割り当てるべきだと考えました。要するに、一様事前分布はパラメーターに対する無情報性を表現しているため、偏りがないと判断されたのです。実のところ、最尤推定は一様事前分布を用いたベイズ推論と等価であるゆえに正当化されるという議論もありえます。

　しかしながら、一様分布は、ベイズの定理の一部として明示的に使う場合にせよ、最尤推定で暗黙的に使う場合にせよ、事前分布に関して最も「偏りがない」(fair)仮定を表すものであるとは限らないということが示せます。「一様分布が必ずしも偏りのなさを表していない」という事実は、本章冒頭に記載したジェフリーズ[19]の言葉にまとめられています。

　「情報のなさ」の程度を、事前分布の形で適切に表現するという発想は、長い歴史を持っています。「ベイズの公準」(Bayes' postulate)に始まり、それをラプラス(1749-1827)は、「理由不十分の原則」(principle of insufficient reason)として知られる形で表現しました。ケインズ(John Keynes, 1921)はそれを「無差別性原理」(principle of indifference)と改称しています[*2]。事前分布から偏りを排除しようとするアプローチは、ジェフリーズ(1939)[19]で提唱され、「客観ベイズ」(objective Bayes)と呼ばれます。そのときの事前分布は、**無情報事前分布**(non-informative prior)とも呼ばれています。ベルナルド(José-Miguel Bernardo, 1979)[3]では「参照事前分布」という用語が導入されており、ジェインズ(Edwin Jaynes, 2003)[18]ではその概念がより一般的な文脈で「最大エントロピー原理」(principle of maximum entropy, または maxent)と表現されています。

　最大エントロピー原理は単純な発想に基づいています。それは、「事前分布は手にしているあらゆる情報とは一致するべきである。しかし、それ以外のあら

[*1]　**訳注** ブレーズ・パスカル(Blaise Pascal)、確率論の創始者の一人。

[*2]　**訳注** Keynes, J.『A Treatise on Probability』(Macmillan and Co, 1921)の「Chapter IV. The Principle of Indifference」などを参考にしてください。

ゆる点において、事前分布がパラメーターの事後分布に関して与える情報は可能な限り少なくするべきである」という考えです。たとえば、もしデータが指数分布から抽出されたものだとわかっていたら、データの平均値Θに関する参照事前分布$p(\Theta)$は、$\frac{1}{\Theta}$に比例するものだということが示せます。そこで示唆されるのは、参照事前分布以外のどの分布をとったとしても、そのために、手にしていないことを事前情報とすることになりパラメーターの値の事後分布が歪められてしまうという考えです。参照事前分布は研究が盛んな話題であり、Appendix Hにて簡単な説明を行っています。

ブートストラップ法

事後分布を得るための偏りがない事前分布が明白でない場合、コンピューターを駆使して実行される「ブートストラップ法」（*bootstrapping*）と呼ばれる方法が使えます。簡潔に言えば、ブートストラップ法は、データを繰り返し復元抽出 **★3**した標本を生成し、それに基づき事後分布推定を行います。この推定により、（偏りがない）参照事前分布を用いた場合に得られる事後分布と類似した分布を得ることができます[11]。

4.9

損失関数

ここまで見てきたように、ベイズ推論によりデータ$\mathbf{x}$に基づく事後分布$p(\Theta|\mathbf{x})$が得られます。多くの場合に興味があるのはΘの値の推定なので、この事後分布を使って、一つの値すなわち「点推定値」（*point estimate*）$\hat{\theta}$（シータ・ハット）を選ぶことができます。ただし、どの点推定値を選択するかは、推定値$\hat{\theta}$の誤差の大きさをどれほど気にするかによって変わります。ここまでの説明では、$\hat{\theta}$の点推定値としてθ_{MAP}（$\hat{\theta}=\theta_{MAP}$）を「自然」な点推定値として選択してきましたが、その選択の正当化はしていませんでした。以下では、損失関数の概念

★3 **訳注** 復元抽出は、データを抽出をする際、一度抽出したものを再度集団に戻してから抽出すること。

を紹介していく中でこの点も含めて明らかにしていきます。

$\hat{\theta}$ の値はノイズを含んだデータ **x** につねに基づいているため、$\hat{\theta}$ は誤差を含みます。真の値を θ とすると、その誤差は $\Delta = (\hat{\theta} - \theta)$ です。誤った θ の値を選択したことによる損失が、その誤差の大きさに伴って急激に増加するのであれば、その急激さを $\hat{\theta}$ の選択に反映する必要があります。たとえば、Θ が「感染した可能性のある病気の集合」を表す場合、Θ の値を誤って推定した場合の損失は非常に大きくなります（天然痘の患者を水疱瘡と誤診してしまうと大問題です）。そうした損失の大きさは「損失関数」（*loss function*）[★4] によって定められ、この関数においては、損失を最小化することが利得の最大化につながります。

アーチェリー競技（弓矢を射る競技）での得点計算の例を使って、異なる種類の損失関数が結果に与える影響を検討してみましょう。ただし、中央値の計算を簡単にするために、標的が垂直線で示されているものとします。また、選手の腕前が良く、狙ったものには何でも当たるとします。したがって、狙った点 $\hat{\theta}$ を狙えば、矢は正確に当たります。ただし、狙いはノイズを含んだ視覚データ **x** に基づいているので、標的が位置する場所に関する知識は事後確率分布 $p(\Theta|\mathbf{x})$ に要約され、各位置 θ に標的が存在する確率が定まります。事後損失の期待値を最小にする $\hat{\theta}$ の値を「ベイズ推定値」（*Bayes estimate*）と呼びます。

■─── 0-1損失関数

ここで、標的に矢を的中させれば0点、外すと1点を失うというルールがあると仮定しましょう。したがって、失う点数をできるだけ最小にするのがゲームの目的となります。このような「0-1損失関数」（*zero-one loss function*）を想定する場合、損失の平均値、すなわち「期待事後損失」（*expected posterior loss*, 事後分布 $p(\Theta|x)$ で定まる損失の期待値）が最小となるのは、$\hat{\theta} = \theta_{MAP}$ となるような $p(\Theta|x)$ の最頻値（確率分布が最大値をとる値）を θ に設定したときであることが知られています[27, 30]。アーチェリーの例で言い換えるなら、データ x が観測されたという条件の下で、標的が存在する確率が最も高い θ の位置に矢を放つべきです。

★4 　**訳注** 損失関数は、推定値と真の値を入力とし、損失の大きさを出力とする関数のこと。

■── 二乗損失関数

標的と矢の間の距離の二乗で失点が決まる場合、この損失関数を「二乗損失関数」（*quadratic loss function*）と呼びます。この場合、矢が当たった位置を $\hat{\theta}$、標的の位置を θ とすると、失点は次のように定義できます。

$$\Delta^2 = (\hat{\theta} - \theta)^2 \qquad \text{式4.40}$$

標的と矢の間の距離がとりうるすべての値で平均をとることにより、期待事後損失は次のように求められます。

$$\mathrm{E}[\Delta^2] = \int_{\theta_{min}}^{\theta_{max}} p(\theta|\mathbf{x})(\theta - \hat{\theta})^2 d\theta \qquad \text{式4.41}$$

上記の式から、この平均（期待値）が各位置に標的が存在する事後確率によって重み付けが行われていることが読み取れます。二乗損失関数による期待損失を最小化するには、$p(\Theta|\mathbf{x})$ の平均値を設定すべきだということが示せます（分布の平均値の計算方法については Appendix D, p.153 を参照）[27, 30]。そのため、**式4.41** が表す平均二乗誤差を最小にするには、事後確率分布の平均値に相当する位置に矢を放つべきです。

■── 絶対損失関数

標的と矢が当たった位置との距離の絶対値で失点が決まる場合、その損失関数を「絶対損失関数」（*absolute loss function*）と呼びます。この場合、期待事後損失が最小となるのは、ベイズ推定値 $\hat{\theta}$ を $p(\Theta|\mathbf{x})$ の中央値と設定したときであることが示せます[27]。そのため、事後分布の中央値（値を順に並べたとき、その中央の値）に対応する位置に矢を放つべきです。

実用の場面では、使う損失関数によって違いはほとんどないかもしれません。それは、事後確率は正規分布だということが多く、その場合、注目しているパラメーターに関して分布が対称であるためです（5章を参照）。分布が単峰で対称であるとき、平均値、中央値、最頻値は同一であり、3つの損失関数の推定値も同じ値をとります。

本書ではこれ以上、損失関数については詳しく扱いません。それでも、ベイズ推論が最適だと主張されるときは、その最適性はつねに特定の損失関数に関して定義されるものだということは心に留めておいてください。

4章のまとめ

　本章では、ベイズの定理を使って連続パラメーターの値を推定する方法を紹介し、とくにコイントスで使うコインの偏りを推定する方法を扱いました。事後確率分布を表す数式を導出することにより、推定値を解析的に求めることができました。また、一様分布と非一様分布を事前分布として使って、コインの偏りをベイズ推論で求める例も示しました。最初は、推論のために事前分布をどのように選べば良いかという問題に取り組み、その後で、一様事前分布が適していない問題について考察しました。

5章

正規分布のパラメーター推定

> この世界における真の論理は、すなわち確率の計算である。そし
> てこの計算は、合理的な人間の心の中にはなくてはならない「確
> 率の大きさ」を含んだものである。
>
> ——James Clerk Maxwell, 1850※
> ※ジェームズ・クラーク・マクスウェル(イギリスの理論物理学者)。

5章のはじめに

　本章は、パラメーター推定と回帰分析を紹介することを目的としています。
本章で紹介するこれらの概念は、ベイズ的な手法のみで使われるものではなく、
高度な統計分析の基礎となるものです。最初は、いたるところで登場する「正規
分布」(*Gaussian*)を詳しく見ていきます。

5.1

正規分布

　大勢の人の身長を集計してヒストグラムを描くと、得られる結果は **図5.1 ⓐ** の
ような典型的な釣鐘状の形となります。この形状は **図5.1 ⓓ** に描かれた正規分布
の形とほぼ同じです。正規分布は、平均(分布の中心)と標準偏差(分布の幅)とい
う2つのパラメーターによって定まります(詳しくはAppendix Fを参照)。

$N=5000$人で母集団が構成され、i番めの人の身長がx_iである場合、総和記号（Appendix Bを参照）を使えば、母集団（*population*）における平均身長は、

$$\mu_{pop} = \frac{1}{N} \sum_{i=1}^{N} x_i$$

式5.1

となり、身長の標準偏差は、

$$\sigma_{pop} = \left(\frac{1}{N} \sum_{i=1}^{N} \left(x_i - \mu_{pop} \right)^2 \right)^{\frac{1}{2}}$$

式5.2

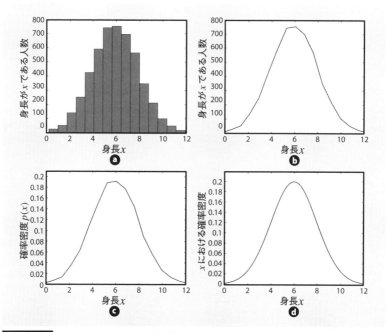

図5.1　身長のヒストグラムと確率分布

ⓐ 身長xに関するN個のデータのヒストグラム。ヒストグラムは、xの値をN_x個の階級に分割し、各階級に属する身長のデータの数を描画したもの

ⓑ 隣接した階級の高さを線で結ぶことで描かれたヒストグラムの外形

ⓒⓑ で得た外形を面積が1となるように正規化したもの。この外形は、Xの確率分布$p(X)$を近似する

ⓓ 正規確率分布はⓒに対して良い近似を与える

となります。データの分散（*variance*）は、標準偏差の二乗 σ_{pop}^2 として定義されることに注意してください。この式は一見複雑ですが、よく見ると「平均 μ_{pop} と各データ x_i 間の差の二乗の平均」の平方根であり、x におけるばらつきの大きさを表しています。

　以下では便宜上、母集団の身長の分布は平均 μ_{pop} が未知、分散 σ_{pop}^2 が既知である正規分布と想定します。この想定により、集団からランダムに1人を選んだ場合、その人の身長が x_i である確率は、次のような正規分布の式で表されます。

$$p(x_i|\mu_{pop},\sigma_{pop}) = k_{pop} \exp \frac{-(x_i-\mu_{pop})^2}{2\sigma_{pop}^2}$$ 　**式5.3**

指数関数 $\exp$ は、たとえば変数を z とすると、$\exp(z)=e^z$ として定義されます（e は自然対数の底）。厳密には、x_i の「確率密度」として語らなければなりませんが、こちらについては Appendix D で説明します。定数 $k_{pop} = \dfrac{1}{\sigma_{pop}\sqrt{2\pi}}$ が、正規分布の面積が1となるように調整するために、表される確率の和は1となります。x と μ_{pop} の両方とも、連続パラメーターであることに注意してください。

5.2

母平均の推定

　N 人の母集団からランダムに抽出した n 人の標本から、母集団の平均身長 μ_{pop} を推定することを考えましょう。n 人分の身長の標本は、

$$\mathbf{x}_n = (x_1, x_2, ..., x_n)$$ 　**式5.4**

であり、その標本平均は次の式のとおりです。

$$\mu_{est} = \frac{1}{n}\sum_{i=1}^{n} x_i$$ 　**式5.5**

式5.5 の（下付きの）*est* は、推定値（*estimate*）であることを表します。なぜなら、母集団の平均（母平均）の推定値だからです。この例では、母集団の分散（母分散）σ^2_{pop} は既知ですが、もしこの値が未知であった場合、同様に標本分散を推定値として用いることができます。標本分散は次のとおりです。

$$\sigma^2_{est} = \frac{1}{n} \sum_{i=1}^{n} (x_i - \mu_{est})^2 \qquad \boxed{式5.6}$$

尤度関数

尤度関数は、母平均 μ_{pop} が、ある想定した値 μ であるという条件の下で、データが発生する確率の情報を持っています。この事例で標本として抽出された身長のデータは、母集団からランダムに選ばれたものです。そのため、母集団から身長 x_i が標本として選択される確率は、x_i を固定したときに **式5.3** から導かれる尤度関数によって表されます。具体的には、**式5.3** における母平均の箇所を、μ で置き換えることにより、次のように μ の条件の下での x_i の確率を表す式が得られます。

$$p(x_i|\mu) = k_{pop} e^{- (x_i - \mu)^2 / (2\sigma^2_{pop})} \qquad \boxed{式5.7}$$

n 個の身長から成る標本は母集団からランダムに選択されるため、標本平均は確率変数であり、平均 μ_{pop}、標準偏差[1] $\sigma_n = \dfrac{\sigma_{pop}}{\sqrt{n}}$ の正規分布に従います（詳細は 5.3 節および Appendix A）。標本抽出された各身長の値は独立であるため、**式5.7** が示す各データの発生確率を掛け合わせることで、「母集団の平均が μ であるという条件の下で標本どおりの値が発生する確率」を求めることができます。これは「μ の尤度」と呼ばれ、次のように表されます。

$$p(\mathbf{x}|\mu) = \prod_{i=1}^{n} p(x_i|\mu) \qquad \boxed{式5.8}$$

$$= \prod_{i=1}^{n} k_{pop} e^{- (x_i - \mu)^2 / (2\sigma^2_{pop})} \qquad \boxed{式5.9}$$

ここで、ギリシャ文字 $\prod$（パイ）は、その右にある全項をそれぞれ掛け合わせる

ことを指示しています（詳しくはAppendix Bを参照）。

式5.9 を μ のとりうるすべての値に適用することで、n 個の身長から成る標本に対する「尤度関数」が定まります。母平均 μ_{pop} を推定する過程では、異なる μ の値を尤度関数に代入していきます。μ の値はそれぞれ、観測データに対する別々のモデルを表しており、「各モデルからどれくらいの確率で観測データが発生するか」を尤度により評価することで、他のモデルと比較してより良くデータに当てはまるモデルを探します。観測データの発生確率を最大化するモデルパラメーターの値（μ）が、最尤推定値（MLE）です。

事後確率密度

平均 μ がとる値の範囲が決まっており、その範囲の各値をとる確率が同様に確からしいのであれば、$p(\mu)$ として一様事前確率密度が定まり、μ の事後確率密度はベイズの定理により次のように定められます。

$$p(\mu|x_i) = \frac{p(x_i|\mu)p(\mu)}{p(x_i)} \qquad \text{式5.10}$$

$$= c_\mu k_{pop} e^{-(x_i-\mu)^2/(2\sigma_{pop}^2)} \qquad \text{式5.11}$$

この式では、観測データ x_i が定まると $c_\mu = \dfrac{p(\mu)}{p(x_i)}$ は定数として扱うことができます。測定した身長は互いに独立なので、個々の事後確率密度を掛け合わせることにより、「μ を母平均と想定した事後確率密度」を得ることができ、n 個の x_i に基づけば、次のとおりとなります。

$$p(\mu|\mathbf{x}) = \prod_{i=1}^{n} c_\mu k_{pop} e^{-(x_i-\mu)^2/(2\sigma_{pop}^2)} \qquad \text{式5.12}$$

μ のとりうるすべての値を考えれば、**式5.12** から事後確率分布が定まります。標本サイズ n[*1] を変化させたときのグラフを **図5.2** に示します。n が増えるにつれて、どのように分布の幅が狭くなっていくかに注意してください。この点については、後ほど触れます。

[*1] **訳注** 標本抽出で抽出したデータの数。

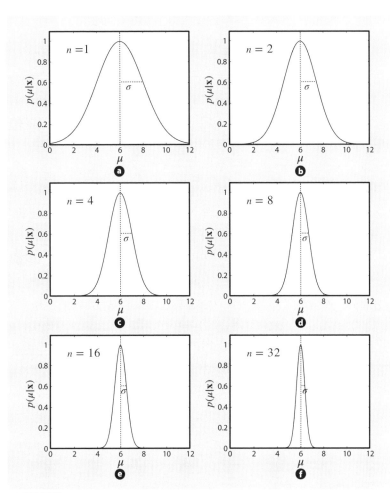

図5.2 標本サイズ n を変えたとき（n=1, 2, 4, 8, 16, 32）の平均 μ_{pop} の事後確率分布（正規分布）

観測データ $\mathbf{x}$ は平均 μ_{pop}=6、標準偏差 σ_{pop}=2 の母集団から標本抽出されたものとする。標本サイズ n の標本の平均値が従う確率分布の標準偏差 σ_n（図中の水平点線）は、$\frac{1}{\sqrt{n}}$ に比例する。グラフは最大値が 1 であるように縮尺をとっている。

事後確率密度から最小二乗推定まで

慣習に従って、**式5.9** や **式5.12** で表される尤度や事後確率密度に対しては、対数変換を行います（4.6節を参照）。ここでは、**式5.12** の対数変換を例として挙

げます。2つの値aとbが与えられたとき、$\log (a \times b) = \log a + \log b$であることに注意すると、対数事後確率密度は次のように定まります。

$$\log p(\mu|\mathbf{x}) = \log \prod_{i=1}^{n} p(\mu|x_i)$$ 式5.13

$$= \sum_{i=1}^{n} \log c_\mu k_{pop} e^{-(x_i - \mu)^2/(2\sigma_{pop}^2)}$$ 式5.14

ここで、総和記号内の項を分割すると、次のようになります。

$$\log p(\mu|\mathbf{x}) = \sum_{i=1}^{n} \log c_\mu k_{pop} + \sum_{i=1}^{n} \log e^{-(x_i - \mu)^2/(2\sigma_{pop}^2)}$$ 式5.15

$$= \kappa - \frac{1}{2}\sum_{i=1}^{n} \frac{(x_i - \mu)^2}{\sigma_{pop}^2}$$ 式5.16

式5.16 内のギリシャ文字のκ（カッパ）は 式5.15 右辺第1項の総和記号内の定数をすべて足したものを表しています。この段階で、式5.16 が「最小二乗法」(least squares)[*2]の形に似ていることに気づくかもしれません。実際、ほとんど同じものです。式に足された定数κは、推定したいμの値には影響を及ぼさないため、単純に無視することができます（4.5節を参照）。この大胆な処置を取り入れるべく、次の新たな関数Gを定義します。

$$G = -\frac{1}{2}\sum_{i=1}^{n} \frac{(x_i - \mu)^2}{\sigma_{pop}^2}$$ 式5.17

式5.17 の総和記号内の項はすべて二乗されている項なので正の値をとり、そのため、Gの値は必ず負になります。式5.17 を最大化するμは、Gの符号を反転したものを最小化します。したがって、式5.16 を最大化するμは、次に示す関数$F = -G$を最小化します。

[*2] **訳注** 最小二乗法とは、観測値と推定値の間の二乗誤差に着目し、これを最小化するようなパラメーターを求める手法。ただし、以降で解説しているため、最小二乗法についてあらかじめ深く知っている必要はありません。

$$F = \frac{1}{2} \sum_{i=1}^{n} \frac{(x_i - \mu)^2}{\sigma_{pop}^2}$$

式5.18

最小二乗法の形により近づきました。σ_{pop} は、どの x_i に対しても同じ値をとる
ため、推定対象である平均の値には影響を与えません（4.5節, p.87 を参照）。その
ため、σ_{pop} の値が未知であったとしても、式5.18 の総和記号内の各項に同じ
$2\sigma_{pop}^2$ を掛ける（$E = F 2\sigma_{pop}^2$ とする）ことができ、次の式が得られます。

$$E = \sum_{i=1}^{n} (x_i - \mu)^2$$

式5.19

この式であれば、従来の統計学で使う標準的な最小二乗法の形だと見てとれま
す。具体的に言えば、式5.19 を最小化する μ の値が、母平均 μ_{pop} の最小二乗推
定値（*least-squares estimate*, LSE）となります。この値はベイズ推論に基づい
て導かれていることから、当然ながら、一定の仮定の下では、母平均のベイズ
推定値は最小二乗推定値と一致します。それらの仮定とは、❶事前分布が一様
分布であること、❷各測定が独立であること、❸ノイズの標準偏差が全測定で
同じであることです。

　この3つの仮定の下では、式5.12 によって定まる事後確率密度は 式5.19 で表
される最小二乗法の表現に還元されます。式5.19 の最小二乗推定値から母平均
の推定値が求められることは Appendix G で取り上げています。そして、式5.19
から求められる推定値と、式5.12 の事後分布から求められる推定値は両方とも、
次の式で求められます。

$$\mu_{est} = \frac{1}{n} \sum_{i=1}^{n} x_i$$

式5.20

これは、標本平均にほかなりません。この結果により、一定の仮定が成り立つ
場合、最小二乗推定値は母平均の MAP 推定値と等しく、さらにこれらの値は標
本平均として求められることがわかりました。

　その一方、以上の分析を行わなければ、結果がこのようになることは知りえ
ませんでした。厳密なベイズ分析を用いてこの結果を導出することにより、標
本平均は行き当たりばったりで選ばれた推定値ではないと確信が持てます。

5.3

正規分布のパラメーター推定における信頼度

　4章で述べたように、標本サイズを大きくすれば、母平均の推定値の精度が向上するのは理にかなっているように思われます。しかし、この精度向上はどのように測定すべきでしょうか。簡潔に言うと、推定に対する信頼度は、事後分布の標準偏差 σ_n が次の関係式に基づいて小さくなるのに伴って向上します。

$$\sigma_n = \frac{\sigma_{pop}}{\sqrt{n}}$$

式5.21

この式によれば、標本平均の標準偏差は標本サイズ n の平方根に反比例し、その様子は **図5.2** で示されていました。標本平均の信頼度は次のように表わされます。

$$\mu_{true} = \mu_{est} \pm \frac{\sigma_{pop}}{\sqrt{n}}$$

式5.22

この式が述べていることを言葉で表せば、母平均の真の値は、$\dfrac{\sigma_{pop}}{\sqrt{n}}$ で定まる

「エラーバー」(error bar) [*3] 付きで μ_{est} であると推定される、ということです。

エラーバーと平均の分布

　母集団から標本サイズ n の標本を取り出し、母平均の推定値を求めることを何度も繰り返すとします。「中心極限定理」と呼ばれる広く知られた定理(後述)により、母平均の推定値のヒストグラムを描くと、正規分布に似た分布となることが保証されています。この平均値の分布の標準偏差のことを、「標準誤差」

[*3]　**訳注** エラーバーは、データのばらつきを表すためにグラフ上で用いられます。エラーバーには、データの標準偏差、95%信頼区間など、異なる意味を持たせることが可能ですが、ここでは標準偏差として用いられています。

(*standard error in the mean, sem*)と呼びます**★4**。重要なのは、標本平均の分布が、 **式5.11** で表される母平均の事後分布の近似となることです。

　各標本に共通の標本サイズ n を増やしていくと、どの標本平均も母平均に近づいていき、それゆえ互いに近い値となるので、標本平均の分布の標準偏差（標準誤差）は小さくなっていきます。 **図5.2** で、n の増加に伴い事後分布の幅が狭くなっていくことからも見てとれます。 **式5.21** より、標準誤差の大きさは n の平方根に反比例する形で減少します。

▌ 中心極限定理

　式5.21 で示された結果は、正規分布に従うデータにあてはまるだけでなく、非常に幅広い応用範囲を持っています。その理由は、本質的なことだけ言えば、「中心極限定理」(*central limit theorem*)が述べているように、各標本におけるデータ点の数が増えると、その母分布がどんな分布であっても、標本平均の分布が正規分布に徐々に近づいていくためです。

　現実に観測されるほぼすべての量（**例** 身長）は多数の要因に左右されるため、実質的に何らかの加重平均であり、そのことから、そうした量は正規分布に従うことが示唆されます。これは、正規分布が自然のあらゆるところで現れる理由の説明になりえます。また、とくに指定などがなければ正規分布を仮定するということに対して、合理的な根拠を与えてくれます。

5.4
▌ パラメーター推定としての回帰

　「身長の高い人は身長の低い人よりも収入が多い」といった真偽がわからない憶測があるとします。そうした仮説はどのように検証すれば良いでしょうか**★5**。たとえば $n=11$ 人から、収入と身長のデータを取り、 **図5.3** のようにグラフに

★4　**訳注**「標本平均」の標準偏差を、慣例的に「標準誤差」と呼びます。

★5　**訳注** 5.4節の例で挙げているのは、便宜的に生成された収入と身長との間には何らかの完全な直線的な関係がある（ただし、測定誤差はある）という（かなり想像しがたい）架空の世界のデータです。

プロットすることができたとします(値は架空のもの)。 **図5.3** の点線の傾きが正であれば、身長と収入には正の相関があることを示しています。それでは、この線の引き方をどのように知ることができるでしょうか。その答えを与える手法は「線形回帰」(*linear regression*)と呼ばれ、データに対して直線(回帰直線)を当てはめます。

 回帰(*regression*)を利用するにあたって、各被験者から収入の情報は正確に得ることができると仮定する一方で、身長の測定には何らかのゆらぎやノイズが含まれると想定します。そのノイズは、たとえば身長の精確な測定の難しさに起因するのかもしれません。このゆらぎのことを以下では「測定ノイズ」(*measurement noise*)と呼びます**[*6]**。測定ノイズに起因する不確実性から、身長を確率変数として扱い、ノイズは正規分布に従うと仮定します。この例では、ノイズは身長に伴って大きくなると仮定しましょう。

 回帰の場合、推定対象であるパラメーターによってデータに当てはめる直線の特性が決まります **図5.3** 。直線に対しては、特性に関わってくるパラメーター

....

[*6] **訳注** ここでは単純化のため、ノイズの要因として測定ノイズを仮定しますが、現実ではそれ以外の要因を多く含むことに注意してください。ここの例では、現実的には(仮に直線的な傾向があった場合でさえ)身長を予測するには収入だけでは(まったく)不十分で、収入では決定されない無数の不確定要素が(モデル上の)ノイズとなります。

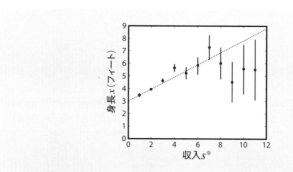

※ **訳注** 単位はGroat(グロート)。Groatは、かつて英国で流通していた通貨単位およびコイン。

図5.3 ■■■■ **収入(横軸)の身長(縦軸)に対する回帰のグラフ**

11人から取得された身長x_iとそれに対応する収入s_iのデータが描かれ、直線が当てはめられている。直線の傾きは$m=0.479$であり、切片は$c=3.02$である。したがって、回帰した身長の値$\hat{x}_i$は、$\hat{x}_i=0.479\times s_i+3.02$で表される。各データ点に付いた縦棒の長さは、対応するデータ点での既知の標準偏差を示し、この例では身長とともに増加する。これらのデータ点は傾き$m=0.5$、切片$c=3$の直線にノイズを加える形で生成されたものである(Appendix Iのソースコードを参照)。

は傾き(*slope*)mと切片(*intercept*)cであり、これらのパラメーターが、推定身長$\hat{x}$(xハット)が収入sによりどれだけ増加するかを決定します。当然のことながら各推定値$\hat{x}$は当てはめた直線$\hat{x}_i = ms_i + c$上に並びます。

この式は、身長xが給与sとともに増加するモデル(パラメーターはmとc)を表しています。測定身長xと、理想化された身長$\hat{x}_i$[*7]の差は、ギリシャ文字の小文字η(イータ)を使って、$\eta = x_i - \hat{x}_i$として表されます。ηはx_iにおけるノイズの量を表します。議論を単純にするため、事前分布として、一様同時事前確率密度$p(m, c)$を仮定します。ηが正規分布に従うと仮定すると、測定値x_iが得られたという条件の下でのmとcの事後確率密度は、

$$p(m, c | x_i) = k_i e^{-\eta_i^2/(2\sigma_i^2)}$$ 式5.23

$$= k_i e^{-[x_i - (ms_i + c)]^2/(2\sigma_i^2)}$$ 式5.24

となります。ここで、σ_iはi番めの被験者の身長に加わったノイズの標準偏差を指します。また、k_iは定数$\dfrac{1}{a\sigma_i\sqrt{2\pi}}$であり、$a$は一様事前確率密度$p(m, c)$の大きさ($m$, cによらない一定値)を表しています。もしそれぞれの測定に対するηの値が互いに独立であるなら、n個の身長$\mathbf{x} = (x_1, ..., x_n)$、および収入$s = (s_1, ..., s_n)$の条件の下での$m$と$c$の同時事後確率密度は、次のように表されます。

$$p(m, c | \mathbf{x}) = \prod_{i=1}^{n} k_i e^{-[x_i - (ms_i + c)]^2/(2\sigma_i^2)}$$ 式5.25

5.2節の考え方にいくらかの計算を加えることで、式5.25 から次のような最小二乗法の形が得られます。

$$F = \sum_{i=1}^{n} \left[\frac{x_i - (ms_i + c)}{\sigma_i} \right]^2$$ 式5.26

この式では身長の測定値における標準偏差σ_iが分母にあるため、信頼度に乏し

★7 **訳注**「理想化された」とは、真のパラメーターm_{true}とc_{true}で表される真のモデルによって定まる値という意味です。

い測定値が F に与える影響を実質的に「割り引いて」います。その結果、ノイズが大きい測定値は回帰直線のパラメーター(m, c)推定に与える影響が小さくなります。

m と c にさまざまな値を代入して F の値をプロットすると、**図5.4** のグラフが得られます。これらのグラフは、F に関する同じデータを2つの異なる表現で図示しています。F の値を最小化するパラメーターm と c は事後確率密度 **式5.25** を最大化するため、それぞれ傾きと切片に関するMAP推定値ということになります。実際に推定を行う際は、通常 F の値をプロットすることはせず、数値解析を用いて F を最小化する m と c を探します(Appendix IのMATLABコードを参照)。

仮に、すべての測定値の測定ノイズが同じ大きさであるならば(言い換えると、すべての σ_i が同じ値なら)、σ の値は最終的な結果に影響を与えないため、**式5.26** から省くことが可能であり、次のような E が定義できるようになります。

$$E = \sum_{i=1}^{n} \left[x_i - (ms_i + c) \right]^2 \qquad \text{式5.27}$$

この場合、最小二乗法(Appendix G)を用いて **式5.27** を最小化する m と c を求めることができます。しかし、本事例でこの方法を用いると、(通常、標準偏差はわからないため)各データ点のノイズの標準偏差を事実上無視することにな

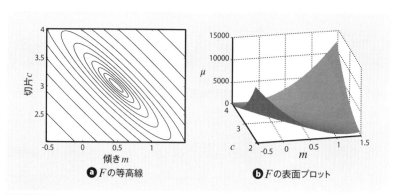

(a) F の等高線　　　**(b)** F の表面プロット

図5.4　　m と c にさまざまな値を代入した場合の F の値

(a)傾き m と切片 c が異なる値をとるときに F がとる値を等高線で示したもの
(b) F の表面プロット
両グラフとも、F を最小とする $m=0.479$ と $c=3.02$ を中心として描画されている。Appendix Iのソースコードを参照。

り、誤ったパラメーター推定結果(m=0.172, c=4.18)が得られます。このことは、もし利用可能であれば、データ点ごとの信頼性を考慮して推定を行うべきであることを示しています。

　ここまでの問題設定からすると、収入が身長を伸ばす原因であることを示唆しているように見えますが、それは明らかに馬鹿げています。しかし、この齟齬<ruby>齬<rt>ご</rt></ruby>は回帰に関する重要な事実を示しています。すなわち、**回帰直線は因果関係を示すわけではない**ということです。もし収入に対して身長で回帰を行っていたとしたら、この齟齬はこれほど明らかではなかったでしょう。

　測定データに直線を当てはめていく過程では、正規分布から平均 μ を推定するのと質的に類似したことを行っています。正規分布の例では、μ と各データとの間の二乗誤差の和を最小にする μ の値を求めます **式5.19** 。最適な回帰直線を求める際も同様に、回帰直線上の予測値 $\hat{x}_i$ と実測値 x_i の間の二乗誤差の和を最小とする傾き m と切片 c を求めます **式5.27** 。

5章のまとめ

　本章では、ベイズ的手法を用いて1つのパラメーター、具体的には正規分布における平均 μ を推定しました。続いて、2つのパラメーターの推定値(傾き m と切片 c)によって決まる回帰直線上の各値 $\hat{x}_i = mx_i + c$ を、ノイズを生み出す正規分布の平均値として捉え、同様の手法を適用しました。また、いくつかの仮定が成り立つ場合、MAP推定値と最小二乗推定値が等しいことが示されました。

6章

ベイズの定理に対する鳥瞰図

6章のはじめに

　正規分布の性質にもある程度慣れてきたかと思うので、本章ではベイズ分析
の全体像を見渡します。本章はいくつかの点で、離散変数を扱った3.5節の繰
り返しとなりますが、ここでは正規分布に従う連続変数の同時分布を扱います。

6.1

同時正規分布

　以下に続くいくつかの段落では、多岐にわたる話題に触れますが、この段階
で数学的詳細はあまり心配する必要はありません。ここでのおもな目的は、同
時分布についてわかりやすい例を紹介することだからです。
　表面が出る傾向、すなわち偏りがそれぞれ異なるコインが多数あるとします。
コインの偏りの平均は$\theta=0.5$であり、その分布は正規分布であるとします

（Appendix F を参照）。このことは、ランダムにコインを選ぶと、その偏りが θ である確率が正規分布に従うことを意味します。その選んだコインを使って何度もコイントスを行えば、表面が出る回数 n は二項分布に従います（Appendix E を参照）。ここでより重要なのは、コイントスの回数 N が十分に大きければ、n が正規分布に近似した分布に従うことが中心極限定理によって保証されていることです（p.157 で簡単に解説）。また、n が正規分布に従うのであれば、表面が出る割合 $x = \dfrac{n}{N}$ も正規分布に従うことになります。偏りの分布が正規分布である場合には、2つの変数 Θ と X の組み合わせは2次元正規分布 $p(X, \Theta)$ に従います **図6.1** 。

　前章までと同様、Θ を、その真の値 θ_{true} を推定したいと考えているパラメーターとして、また、x を、Θ に依存する確率変数 X の値として扱います。θ はコインの偏りであり、その値は、コイントスを何度も繰り返し、表面が出る割合の観測値 x を得ることで推定できます。たとえば、100回コイントスを行って、75回表面が出た場合、$x=0.75$ であり、偏りについて推定する際に最初に思いつく値は単純に $\theta=0.75$ です。一般に、x は θ にとって良い推定値であり、x と θ の値にはある程度正の相関があります。これが意味していることを突き詰めていうならば、θ が増加すると、それに伴って x も増加するということです。ただし、x は観測された表面が出る割合であり、偶然の影響を受けるため、揺らぎやノイズを含みます。このため、θ の完全な推定値ではありません。この例では、それぞれが既知の偏りを持つコインの母集団からコインを選ぶので★1、観測された割合 x と偏り θ の組み合わせを2次元平面に描画することができます。母集団に含まれるすべてのコインでこの処理を繰り返すと、その結果は **図6.1** **図6.2** の平面に描かれるような細長い点群となります。この細長い分布の形は、コインの偏りと表面が出る割合の両者が正規分布に従う事実と整合します。

　値 x と θ の組み合わせにより平面上の一点が定まるため、その周辺の点群密度により各点 $X=x$, $\Theta=\theta$ における確率密度 $p(x, \theta)$ が表されます。 **図6.1** では3次元の面の高さによって、 **図6.2** では描画した点の密度★2によって確率密度を図示しています。

★1　**訳注** ここでは、2.3節で偏りを記録したコインを再び例として使用します。

★2　**訳注** 図中では白い箇所が密度が高く、黒い箇所が密度が薄いことを表しています。

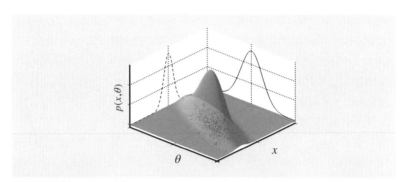

図6.1 相関する2変数XとΘに関する同時確率分布

各平面座標(x, θ)における点密度によって、その座標における確率密度$p(x, \theta)$が定まる。周辺分布は周辺尤度の分布$p(X)$（図中の点線カーブ）と事前確率分布$p(\Theta)$（図中の実線カーブ）である。

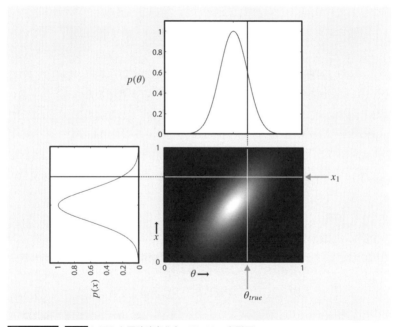

図6.2 **図6.1** に示した同時確率分布$p(X, \Theta)$の鳥瞰図

$p(X, \Theta)$の周辺分布は周辺尤度の分布$p(X)$（図中左）と事前確率分布$p(\Theta)$（図中上）である。

　ここでは、異なる偏りを持ったコインの例を挙げましたが、似たようなシナリオでいくらでも作り変えができます。たとえば、各コインの偏りθは、母集団から選ばれた人の身長に置き換えることができます。その場合、身長の測定

値は、測定ノイズとして発生する誤差を含みます。1枚のコインの偏り推定では、表面が観測された割合として与えられる、ノイズを含む推定値に基づいて、事後確率分布を使って推定を行いました。身長のシナリオでは、代わりに、身長の測定値の形で与えられるノイズを含む身長の推定値に基づき、事後確率分布を使って個人の身長を推定します。

6.2
同時確率分布の鳥瞰図

図6.1 に描かれた鳥瞰図によって、**図6.2** や **図6.3 ⓐ** に示すような同時確率分布の異なる表現が得られます。**図6.2** と **図6.3 ⓐ** における色の薄い箇所は、**図6.1** で描いた3次元表面上の点の位置が高いところに対応します。

取り出したコインの偏りの真の値が0.6である（ただし観測者は知らない）ものとし、その位置は **図6.2** **図6.3 ⓐ** で垂直線で表しています。N回コイントスを行い、表面が出た割合x_1は0.75であったとします。こうしてこれまでと同じように、測定ノイズを含む観測データx_1が入手できたので、これを用いてパラメーターθの値を推定します。

N回のコイントスを何度も繰り返すと、表面が出る割合xの分布は、平均$x_{mean} = \theta_{true}$（θの真の値）である正規分布に従うことになります。これを **図6.2** や **図6.3 ⓐ** で考えると、xの従う分布は、$p(X, \Theta)$を$\Theta = \theta_{true}$で垂直に切断した際の断面図として表されます。x_{mean}付近のxのばらつきは、θ_{true}における垂直断面の縦幅で表され、**図6.2** と **図6.3 ⓐ** では、θ_{true}のところでの白い楕円形領域の縦幅によって表されます。重要なのは、$x_{mean} = \theta_{true}$という条件の下での確率変数Xの観測値x_1は、x_{mean}を中心とする正規分布の標本であり、その標本によって観測される具体的な値だけが、θ_{true}の推定のために知りうる唯一の情報だということです。

同時分布$p(X, \Theta)$を使うことで、観測された表面の割合x_1と最も整合性が高いθを求められます。これを図を用いて行うには、$p(X, \Theta)$に$X = x_1$の垂直線を引きます **図6.2** **図6.3 ⓐ**。この垂直線の断面は確率分布$p(x_1, \Theta)$によって定まり、**図6.3 ⓑ** に描かれています。この断面$p(x_1, \Theta)$は$\theta = 0.69$で最大と

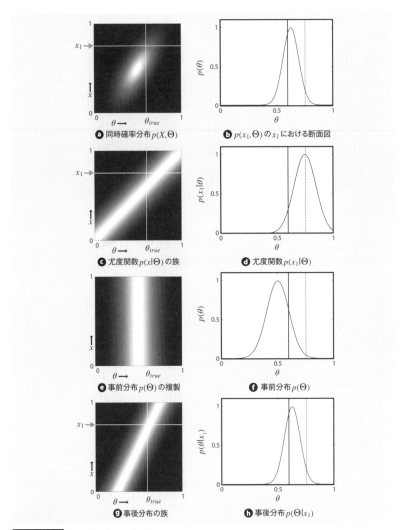

図6.3 ベイズの定理の鳥瞰図

ⓐ **図6.1** に描かれた2次元同時分布 $p(X, \Theta)$ の鳥瞰図。水平直線は、**ⓑ**における断面図 $p(x_1, \Theta)$ に対応し、$x_1 = 0.75$ における事後分布 $p(\Theta|x_1)$ に比例する。**ⓒ**尤度関数の族（「族」）とは、同じ種類のものの集まりのことを指す数学用語であり、この例の場合には、x の値だけが異なる尤度関数 $p(x|\Theta)$ を集めたものを指している。確率変数 X がとる各値 x について、各行（図を水平に切断した断面、ここでは x での水平断面）は尤度関数 $p(x|\Theta)$ を表している。水平直線は**ⓕ**に描かれる断面図（尤度関数 $p(x_1|\Theta)$）に対応する。**ⓔ**各行は、**ⓕ**に描かれた周辺（事前）分布 $p(\Theta)$ のコピー。**ⓖ**各行は、異なる x における事後分布 $p(\Theta|x)$ を表す。水平直線は h に描かれた断面図（事後分布 $p(\Theta|x_1)$）に対応する。

図6.3ⓑⓓⓕⓗで実線で描かれた垂直線は Θ における真の値 $\theta_{true} = 0.6$ に対応し、点線は（$\theta_{MLE} = 0.75$）に対応する。**ⓑ**と**ⓗ**は同じ値 θ で最大となることに注意。右側のグラフは最大値が1となるように縮尺を調整している。

なります。この結果は、確率変数 X の値を x_1 に固定し、最も確率が高い Θ の値を求めたものです。言い換えると、x_1 という条件の下で最も確率が高い Θ の値であり、それゆえに事後確率と関連しています。

$p(x_1, \Theta)$ は、事後分布 $p(\Theta|x_1)$ と周辺尤度 $p(x_1)$ を使って次のように書き替えることができます。

$$p(x_1, \Theta) = p(\Theta|x_1)p(x_1)$$

式6.1

式6.1 を次のように並べ替えることで、事後分布は同時分布の $x=x_1$ における断面に比例していることが改めてわかります(比例係数は $1/p(x_1)$)。

$$p(\Theta|x_1) = \frac{p(x_1, \Theta)}{p(x_1)}$$

式6.2

$p(x_1)$ の値はわかっていませんが、ここで知りたいのは事後分布を最大化する θ の値であるため、わかっている必要はありません(必要であれば、p.70 で示した方法で計算できます)。重要なのは、この比例関係によって、同時確率の断面 $p(x_1, \Theta)$ を最大化する θ の位置と、事後分布 $p(\Theta|x_1)$ が最大となる θ の位置($\theta=0.69$)が一致することです。事後分布は最大事後確率(MAP)推定値で最大となるため、同時確率分布の断面 $p(x_1, \Theta)$ の最大値もまた MAP 推定値($\theta_{MAP}=0.69$)に一致することになります。

いま述べたことの意図は「同時分布を使えばベイズの定理を使うことなく Θ の真の値を推定できる」ということではなく、「同時分布を知らなくてもベイズの定理を使えば Θ を推定できる」ということです(実用上は、同時分布を知ることができる場面は稀です)。

この点を強調するため、観測値 x_1 に基づいてベイズの定理を用いて真の値 θ_{true} を推定する、より慣例に近いアプローチで問題に取り組みます。

6.3

ベイズの定理の鳥瞰図

事前分布がなくても、観測値 $x_1=0.75$ を用いて尤度関数 $p(x_1|\Theta)$ を描画することは可能です **図6.3 d**。 **図6.3 c** を各 x で水平に切った断面は、その x に対する尤度関数を表し、$p(x_1|\Theta)$ はそこに含まれる一つの断面です。観測値 x_1 に対する尤度関数は最尤推定値（MLE）において最大値をとり、**図6.3 d** では点線で表されています。この例では $\theta_{MLE}=0.75$ です。

事後分布 $p(\Theta|x_1)$ を求めるには、**図6.3 c** の尤度関数 $p(x_1|\Theta)$ と事前分布 $p(\Theta)$ を Θ の値ごとに掛け合わせる（そしてさらに $p(x_1)$ で割る）必要があります。事前分布 $p(\Theta)$ は **図6.1** と **図6.3 a** で示した同時分布 $p(X, \Theta)$ に対する2つの周辺分布の一つであり、それも **図6.3 f** で描かれています。

図6.3 c における各行は x の各値における尤度関数を表し、事前分布 $p(\Theta)$ と掛け合わせる（さらに周辺尤度 $p(x_1)$ で割る）ことで事後分布が求まることに注目してください（**図6.3 e** で事前分布 $p(\Theta)$ は x にかかわらず同じ分布として描かれています）。したがって、**図6.3 e** の各行（事前分布）を、**図6.3 c** で同じ行の尤度関数と掛け合わせ、（さらに $p(x_1)$ で割ることによって）各行が **図6.3 a** で描かれる同時分布の各行に比例する事後分布の族 **図6.3 g** が得られます。データ x_1 を観測した場合、**図6.3 h** で示されているように、事後分布は $\theta_{MAP}=0.69$ で最大となります。

6.4

同時分布の切断

ここでは、同時分布 $p(X, \Theta)$、尤度関数 $p(x|\Theta)$、および事後分布 $p(\Theta|x)$ の間の関係をさらに深く見ていきます。

図6.3 a では、コインの真の偏り θ_{true} が垂直線を定め、この直線が同時分布を $\Theta=\theta_{true}$ で切断することで、新たに1次元の分布 $p(X, \theta_{true})$ を定めていま

す。この分布の最大値をとるxの値は（MLEなどとは違って）一般には注目する必要はありませんが、この事例では、その値は分布$p(X, \theta_{true})$の平均値x_{mean}と一致しています。この例では、$x_{mean}=\theta_{true}$です（一般に、x_{mean}がわかればθ_{true}も定まります）。

偏りθ_{true}のコインを使って何度もコイントスをする場合、観察された表面の割合x_1はx_{mean}のノイズを含んだ推定値であり、それゆえθ_{true}のノイズを含んだ推定値でもあります。6.2節で見てきたように、観測値x_1は **図6.3 ❺** 中に描かれた水平直線を定めます。この直線は同時分布をx_1で切断するため、その断面は事後確率分布$p(\Theta|x_1)$に比例した1次元の分布$p(x_1, \Theta)$を定めます。このため、上記1次元の分布$p(x_1, \Theta)$の最大値をとる値は最大事後確率（MAP）推定値に一致します。

重要なのは、仮に同時分布$p(X, \Theta)$を知らないとしても（実際知ることができるのは稀なので）、ベイズの定理を使うことで、分布を知る場合と同じ推定値θ_{MAP}を見つけ出せるということです。多くの場合、同時分布$p(X, \Theta)$を直接知ることはできませんが、その理由は次節で取り上げます。

6.5

統計的独立性

統計的独立性は、ベイズの定理をより高度に応用するために重要な概念です。上の例では、確率変数XとΘは相関しているため、Xの値を知ることでΘがとりそうな値について何らかの情報を得ることができます。また、その逆も真です。しかし、XとΘが統計的に独立している場合、Xの値を知ってもΘの値について何の情報を得ることはできません。また、逆にΘもXの値について情報を持っていません（Appendix Cを参照）。

数学的な形式に従って説明すると、XとΘが独立しているとき、2次元の確率分布$p(X, \Theta)$は周辺確率分布$p(X)$と$p(\Theta)$（それぞれ **図6.1** 中の垂直面に描画）の積と一致します。このため、$p(X, \Theta)$は2つの1変数確率分布、$p(X)$と$p(\Theta)$に分解でき、次のように書けます。

$$p(X, \Theta) = p(X) \times p(\Theta) \qquad \text{式6.3}$$

図6.1 で示される例のように X と Θ が相関している場合だと、それらは独立ではありません。したがって、これら2変数の同時確率分布 $p(X, \Theta)$ は分解することはできず、

$$p(X, \Theta) \neq p(X) \times p(\Theta) \qquad \text{式6.4}$$

ということになります。独立性が重要なのは、仮に k 個の変数が独立である場合、それらの同時確率分布を「単一の k 次元の分布」ではなく、「k 個の1次元の確率分布」として表現できるからです。k 個の1次元の確率分布として表現することで、k 次元分布の表現と比較して、k が増加したときの(コンピューター内もしくは生物の)記憶容量と探索に必要な時間を大幅に削減できます。

たとえば、**図6.1** に描かれている $k=2$ の同時確率分布を保存するのに必要な記憶容量を考えてみましょう。各変数軸を $N=10$ 個の区間に分割した場合(たとえば $0 \sim 0.1, ..., 0.9 \sim 1.0$)、

$$S_{joint} = 10^2 \qquad \text{式6.5}$$

つまり、分布を分割する100個のマスが定まり、各マスにおけるそれぞれの密度が表現されなくてはなりません(添字の $joint$ は同時確率を指します)。しかし、$p(X)$ と $p(\Theta)$ が独立であれば、各変数軸で保持すべき密度の個数は $N=10$ で済み、

$$S_{factorised} = 2 \times 10 \qquad \text{式6.6}$$

の記憶容量、すなわち20個の値を保持するだけで済みます(添字の $factorised$ は因数分解を示し、$p(X, \Theta)$ が $p(X)$ と $p(\Theta)$ に分解されることを意味します)。したがって、ここで挙げたかなり簡素な例であっても、2次元の同時確率分布を表すには、100個の密度値を保持するための記憶容量が必要ですが、確率変数が独立であれば、たった20個で済むことになります。

新たな確率変数が増えるたび、確率分布には新たな次元が追加されることになるため、必要な記憶容量は指数関数的に増加していきます。この現象は「次元の呪い」(*curse of dimensionality*)と呼ばれます。

6章のまとめ

　コイントスでコインの表面が出た割合を観測することは、話の一部にすぎないことがわかったかと思います。話の残りの部分は、コインの偏りと Θ と X の値の統計的共起関係に組み込まれています。そして、その関係が同時分布 $p(X, \Theta)$ の構造を定めます。しかしながら、この同時分布を知るのは困難です。もし可能であれば、同時分布 $p(X, \Theta)$ の $X=x$ における断面図を描画し、観測した割合 x が最も発生しやすい θ を見つけるだけで済みます。

　同時分布 $p(X, \Theta)$ を知ることは難しいので、事後分布 $p(\Theta|x)$ に頼るしかありません。事後分布 $p(\Theta|x)$ は、同時分布 $p(X, \Theta)$ の $X=x$ における断面に比例します。幸いなことに、ベイズの定理を用いて尤度と事前分布を掛け合わせることで、事後分布を求めることができます。同時分布を知らないのであれば、ベイズの定理はいわば「使わざるをえないものである」と言えます。

7章

ベイズ論争

> 正しい問いに対する大まかな回答のほうが、間違った問いに対する正確な回答よりもずっと良い。
>
> ——John Tukey, 1962※
> ※ジョン・テューキー（米国の統計学者）

7章のはじめに

　統計に関わる人々のうち、一部の人々にとって「ベイズ」という言葉は、闘牛にとっての赤い布のようなものです。このような強烈な反応は、長らく続いた論争と、確率の持つ性質に関する誤解から生まれたものです。以下では、この論争の歴史について深く語ることはせず、その論争が何についてのものであるかということと、なぜいまだに激しく続いているかということについて紐解きます。

7.1

確率の性質

　基本的に、統計学者には2つのタイプがいます。一方は頻度論者（*frequentists*）、もう一方がベイズ論者（*Bayesians*）であり、双方の間ではしばしば対立が発生します。おもな違いは、頻度論者は「現実世界に属する性質」として確率を捉え

ているのに対して、ベイズ論者は「現実世界に関する知識の不確実性の尺度」として捉えているということです。この微妙な違いは、取るに足らないものにも見えますが、実は広範囲に影響を与えています。

情報としての確率

サイコロを投げるときのことを考えてみましょう。サイコロが振られる前の時点では、3の目が出る確率は1/6（約0.17）だとわかっています。一方、振られた後は、その結果により3の目が出る確率は1/1（1.0）だったことが明らかになります。そこで、もしサイコロを振る動作を完全に再現できるとしたら、再び3の目が出ます。このような状況で、3の目を観測する確率は0.17なのでしょうか、それとも1なのでしょうか。

これは、確率概念に関わる重要な問いかけです。頻度論者にとって、確率はある特定の結果（たとえば3の目が出る）が発生する回数の割合を表します。一方、ベイズ論者にとって、確率とは観測者が特定の結果に対して持っている確信の大きさに関する尺度です。

サイコロが投げられる前の時点では、結果に対する情報はほとんどありません。このため、すべての結果が同じくらい発生しやすいと考えるのが唯一の合理的な方法です。しかし、もし仮に時間の流れを遅くし、サイコロが止まる前の瞬間を観測できるなら、サイコロが特定の一辺でバランスをとっている一瞬を捉えられるかもしれません。そんな瞬間であれば、サイコロがとりうる結果は2つ（たとえば3か6）だけだと主張するでしょう。そして、サイコロが3の目のほうに傾いていくに従って、とりうる結果は一つだけだと主張するようになるでしょう。要するに、持っている情報の量が増加すると、結果の発生確率に対する信頼度も増加します。この例は、確率が現実世界に属する性質ではなく、観測者が世界に対して持っている情報の量の尺度であるということを示唆しています。

100個のボール

今度は、中身が見えない容器の中に白いボールが50個、黒いボールが50個入っていると考えてみましょう **図7.1 ⓐ**。あなたはボールを一つ取り出し、こ

れをボールAと名付けます。ただし **図7.1 ⓑ** に描かれるように、この際ボール
を見ることなく、衝立の向こうに隠したままにしておくとします。ボールAが
黒い確率をいくらと推定するでしょうか。ボールAが黒である確率を $p(\theta_b)$ と
定義して、さらに関連する全情報(たとえば、容器の中に白黒のボールが同数存
在するという情報)を I_1 とすると、答えは $p(\theta_b|I_1)=0.5$ であるはずです。今度
は私がもう一つボールを取り出し、これをボールBと名付けます。**図7.1 ⓒ** が
示すように、今回はこのボールの色が白であることをあなたに見せるものとし
ます。I_2 と名付けた新しい情報があるという条件の下で、ボールAが黒である
確率をいくらと推定するでしょうか。正確な答えを求めることは重要ではあり
ません。ここで重要なのは、ボールAが黒である確率の推定値が、ボールBを
確認する前と後では変化することです。

　この変化について理解を深めるため、同じ筋書きをより詳細に再現してみま
しょう。ボールAを選んだ時点で、あなたは $p(\theta_b|I_1)$ を 0.5 であると推定しま

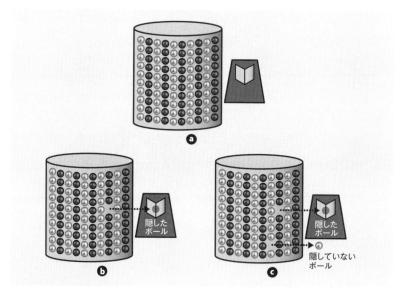

図7.1 確率と情報の関係
ⓐ 白いボールが50個、黒いボール50個が入った容器
ⓑ ランダムにボールを選び、ボールAと名付けたうえで衝立の後ろに隠す。ボールAが黒である確率は?
(➡答えは0.5)
ⓒ 2つめのボールをランダムに取り出し、ボールBと名付けたうえで、色が白ということがわかる
この新たな情報の下で、ボールAが黒である確率は?(➡答えは0.5以上)

した。しかし、新たな情報I_2を受け取った後では、その$p(\theta_b|I_1)$の推定値を更新することができます。別の言い方をすれば、ボール**B**が白であるという情報がわかったならば、ボール**A**が黒である確率の推定値は変更されるべきです。

$p(\theta_b)$の推定値をどのように更新するかを正確に評価するため、ボール**A**が黒であった場合の結論と、白であった場合の結論を順に考えてみましょう。ボール**A**の色が黒であった場合、私がボール**B**を選んだ時点で、容器の中には黒いボールが49個、白いボールは50個あったはずです。したがって、私が選んだボール**B**が黒である確率は49/99（0.5よりわずかに小さい）であり、白である確率は50/99（0.5よりわずかに大きい）です。逆に、ボール**A**が白であった場合は、私がボール**B**を選ぶ時点で、容器の中には白いボールが49個、黒いボールは50個あったはずです。この場合、私が選んだボール**B**が白である確率は49/99（0.5よりわずかに小さい）であり、黒いボールを選ぶ確率は50/99（0.5よりわずかに大きい）です。

さて、私が選んだボール**B**が白であったということは、ボール選択の時点で容器の中には、黒よりも白のボールが多く入っていたであろうことを示唆します。これはさらに、あなたの選んだボール**A**が黒である確率が高いこと、すなわち$p(\theta_b|I_2)>0.5$を示します。ボール**A**を選択する時点で黒の確率が50％であることをあなたが知っていたとしても、これは成り立ちます。

ここまでの手順全体を通じて、ボール**A**の色は開示されていないことに注意してください。実際、黒または白のどちらもありえますし、その確率は1％程度しか変わりません。ここで重要なのは、ボール**A**が何色であったかではなく、ボール**A**が黒または白である確率の推定値が新たな情報によってどう変化したかということです。

実のところ、ここまで見てきたように、ボール**A**の色に関して判断するとしたら、ボール**B**の色を見た後さえ、ぴったりではないまでも、ほぼ50％の確率で間違えます。大切なのは、入手可能な情報に基づいた最善の決定がなされたということです。たとえ、その決定が誤った答えを導いたとしても、最も合理的な判断であったことには変わりありません。紀元前約500年のギリシャの哲学者ヘロドトス（もしかすると、最初のベイズ論者かもしれません）はこの点を雄弁に語っています[38]。

決断が最悪の結果を招いたとしても、手中にある証拠が最善と示したのであれば、それは賢明な決断と言えるだろう。逆に、結果が最良であったとしても、合理的にその結果を期待できなかったのであれば、それは愚かな決断である。

——Herodotus

2個のボール

上の例でわかりづらかったとしても、さらに省略した場合を想定することで、わかりやすくなります。上と同じようにボールの入った容器を使いますが、今回は白と黒のボールが一つずつ入っていると想定します **図7.2 ⓐ**。あなたはボールを一つ取り出し、今度もこれをボール**A**と名付け、その色を見ることなく衝立の向こうに隠します **図7.2 ⓑ**。ボール**A**が黒い確率をいくらと推定するでしょうか。I_1を関連する全情報、たとえば容器内には黒と白の一つずつボールが存在するという情報とすると、その答えは確率$p(\theta_b|I_1)=0.5$であることは明白です。

続いて、私がもう一方のボールを取り出し、ボール**B**と呼ぶことにします。このボールの色は白であることがわかりました **図7.2 ⓒ**。さて、今度はボール**A**が

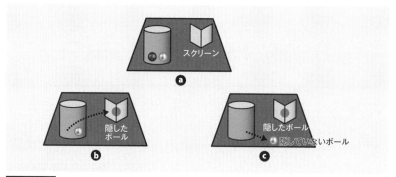

図7.2 確率と情報の関係

ⓐ 白いボールが1個、黒いボール1個が入った容器
ⓑ ランダムにボールを選び、ボール**A**と名付けたうえで衝立の後ろに隠す。ボール**A**が黒である確率は？（➡答えは0.5）
ⓒ 2つめのボールをランダムに取り出し、ボール**B**と名付けたうえで、色が白であるということがわかるこの新たな情報の下で、ボール**A**が黒である確率は？（➡答えは1.0）

黒である確率をいくらと推定するでしょうか。ボール**A**の色が黒であることは明らかであり、$p(\theta_b|I_2)=1.0$です。

2つの推定値が異なるのは、一見矛盾に見えるかもしれませんが、そうではありません。最初の値（$p(\theta_b|I_1)=0.5$）は、黒と白が一つずつ存在することしか知らなかった時点での推定値です。一方、2つめの値（$p(\theta_b|I_2)=1$）は、ボール**B**の色を新たな情報として受け取った後の推定値です。異なる量の情報I_1とI_2に基づいて推定がなされているので、どちらも正しい推定なのです。

この例は、100個のボールを使った例と論理的には同じですが、新たな情報がもたらす結果については、2つのボールを使った場合のほうが明白で、説得力があることでしょう。とはいえ、両者から得られる教訓は同じです。

仮に、確率が「現実世界の状態を測る尺度」であるならば、あなたが選んだボール**A**が黒である確率は、時間が経過しても（たとえば、もう一方のボールの色が白だとわかった後でも）変化しないはずです。一方、「観測者が世界の状態に対して持っている情報の量の尺度」こそが確率ならば、新たな情報が入手できるようになると、確率は変化するはずです。

上の例から、観測者が合理的であれば、新しい情報が入手可能になると、確率の推定値が変化することがわかります。このことは、「確率」という概念は世界の属性ではなく、観測者が世界に付与するものであることを意味します。本質的に、確率は観測者が世界の状態について持っている情報の量の尺度なのです。

主観確率

新しい情報が入手可能になった際に確率の推定値を変化させるのと同じく、2人の人間が異なる情報に基づいて推定を行うなら、彼らの推定する値は異なるはずです。

同じコインであっても、2人が観察するコイントスの回数が違えば、次に表面が出る事後確率の推定値は、通常異なります。このような場合、2人は次のコイントスの結果についてそれぞれ異なる「主観確率」（*subjective probability*）を持つと言います。Aさんがコイントスを10回観察したとして（7回連続表面が出た後、3回裏面が出たとします）、Bさんは最後の4回のみ（1回表面が出た後、3回裏面が出る）を観測したとすると、2人は異なる情報を入手したことになります。したがって、コインの偏りに関する推定も異なるため、次のコイントス

の結果の予測もまた違うものとなります。具体的に、両者がコインの偏りに関して一様事前分布を持つならば、AさんのMAP推定値は0.7、Bさんは0.25です。当然のことながら、各推定値は次のコイントスで表面が出る確率の推定値を表します。「主観的」(*subjective*)という言葉を「個人の意見に基づく」と捉えるのであれば、この2つの確率が主観的なものでないことは明らかです。これらは異なる情報に基づく事後確率にすぎません。前節で見たように、確率は現実世界について我々が持っている情報の量と解釈することができます。こういった概念が「主観的」と名付けられたことは、ベイズ分析が個人的意見に依存するような間違った印象を与えるため、ベイズ分析にとって不運なことでした(4.8節を参照, p.94)。

7.2
ベイズ論争

　ベイズの定理は、たまたまうまく働くだけの便利な定理ではありません。この定理は、「確率法則は現実世界の反応の仕方と一致した結果を導くはずである」という仮定から論理的に導出された一連の定理の一部です。エンジニアや物理学者がベイズの定理を当たり前の常識として捉える一方で、この定理に強い疑問を持っている人々もいます[*1]。その結果として、ベイズの定理に関する小さな議論や論争[20]が、ときには大論争に発展することがあります。

　現代ベイズ理論の発展における立役者の一人であるジェインズ[18]は、この論争の激しさは、確率の解釈に関するイデオロギー的な議論に大きく依存していると指摘しました。(1章で述べたように)仮に、確率による計算方法を確立するのであれば、1＋1＝2であるのと同じく、現実世界における日常的な経験と一致しなくてはなりません。実際、コックス(1946)[7]とコルモゴロフ(1933)[24]によって、ベイズの定理を導く数理的な枠組みが独立に提案されています。

[*1] **訳注** 2023年現在、統計学に携わる学者や実務家で「ベイズの定理」自体に疑念を持っている人はほぼいないと思われます。ただし、裁判でベイズの定理を使用すべきかについてはしばしば議論となっており、原著者の指摘はこのような背景があってのことと思われます。この背景について、たとえば『A formula for justice』(Angela Saini著、The Guardian、2011)などが参考になるでしょう。

　ベイズの定理は、医療診断やコンピュータービジョン、信号処理などさまざまな応用分野で、異なる情報源から得られた情報を組み合わせるために使用されてきました。もちろん裁判所も、異なる情報源から得られる証拠を慎重に比較検討しなければならない場所です。ところが、1996年、イギリスの裁判所では、専門家がベイズの基礎を陪審員に講義したものの、控訴裁判所(控訴院)はベイズの定理の使用は「もしかしたら弁護士達にさえ混乱と誤判断を招きかねず、おそらく裁判官達にも、そしてほぼ確実に陪審員達にも混乱と誤判断を招く」と結論づけました[9]。

　このような強硬な(とはいえ、驚くには当たらない)宣言があるからこそ、私たちはベイズの定理の論理的な立場をはっきりさせておかなくてはなりません。ベイズの定理は、確率同士の相互関係を観察する過程で発見された「経験則」といったようなものではありません。また、「朝焼けは雨、夕焼けは晴れ」★2のような有効性に関して未検証な仮説でもありません。正式に、ベイズの定理は「定理」であり、真であることが証明されています。では、なぜこれほどの感情的な論争を呼び起こすのでしょうか。

　ベイズの定理に関する批判の多くは、事前分布に関する疑念と関わっています。要するに反対派は、事前分布を選択することは、観測データに対して特定の偏見を選択することになると主張しており、ベイズ推論の結果はその偏見によって歪められていると指摘します。それに対する反論は、以下の点からなされます。

　一つめは、非ベイズ的な分析は通常何らかの形の最尤推定に基づきますが、これは単にどの事前分布を選択するかという問題を無視し、暗黙に一様事前分布を使用しているだけではないかという反論です。二つめの反論は、そうやって一様分布を暗黙に使用してしまうと、一様参照事前分布以外が必要な場面では誤った結論を導いてしまうというものです(4.8節を参照)。三つめの反論は、十分に大きな量のデータがある場合、事前分布が結果に与える影響は極めて小さいというものです。データ量が増えるに従い、事前分布の事後分布に対する影響は減少するためです(4章を参照)。データ量が増えると、ベイズ的な手法と、非ベイズ的な手法(厳密には、尤度に基づく手法)から導かれる結論は通常一つに収束します。とはいえ、推定値を評価するには、非ベイズ分析の結果を

★2　**訳注** 原文は「Red sky at night, shepherd's delight.」(夕焼けは羊飼いの喜び)。天気のことわざであり、夕焼けは晴れの前兆であることを表しています。

ベイズ分析と比較する以外にないので、どちらの分析をとるべきかは自明であるように思われます。さらに、目の光受容体には日中であっても十分な光が届いていないように[25]、自然環境には不十分なデータしかないことも多くあります。このような状況では、視覚系が行っているのと同様、ベイズ的なアプローチをとるしかありません。

　上で挙げた論点以外にも、ベイズ分析と頻度論的な手法にはほぼ哲学の趣の違いもあります（とはいえ、入門書である本書では、この違いについて書かれた大量の文章を正当に評価することはできません）。ここまで議論してきたように、ベイズの枠組みの中でパラメーターについて知ることができるのは、ノイズを含んだ測定値による情報のみであり、これを用いてパラメーターの事後分布を推定します。したがってベイズ分析は、パラメーターが確率変数であるという仮定に基づき、パラメーターに関する知識は観測データから推定できる事後分布の形をとります。この事後分布は MAP 推定値を定める頂点と、推定値に対する確信度を示す（分布の）幅によって特徴づけられます。これに対して頻度論の視点では、各パラメーターを現実世界に存在する固定された属性として扱います。そして、ノイズを含む測定値を大量に集め、その平均値をとるなどの方法でパラメーターを推定します。

　もちろん、パラメーターを推定するための前提として、対象データのモデルを指定する必要があります。モデルは、正規分布（パラメーターは μ と σ）や線形回帰（パラメーターは m と c）といった単純なものから、より複雑なモデルも考えられます。重要なのは、ベイズ分析には何らかのモデルの当てはめ（*fitting*, フィッティング）が伴うことです。モデルフィッティングには、モデル中のさまざまなパラメーターの事前分布を考慮しなくてはなりません。したがって、ベイズ分析のしくみをいったん脇に置いておくとしても、データセットに対してモデルを具体化する過程では、モデルフィッティングに関する仮定をすべて明示する必要があります。その思わぬ副次的な効果として、「つねに、すべての物事の確率を書き出すようにせよ」というガルの格言のとおりに行動することになるのです（スティーブ・ガル*3 の格言は David J. C. MacKay の著書[28]からの引用）。

ベイズの定理の歴史

　ベイズの定理が生まれた場所は、おそらく、18世紀の牧師でありアマチュア数学者であったトーマス・ベイズ（1702頃-1761）[39]がいた牧師館でした。ベイズはイングランドのケント州のタンブリッジ・ウェルズに住んでいました。生涯に発表した数学論文は、ニュートンの微積分（当時は流率法と呼ばれていました）に関する一本のみでした。しかしながら、おもな功績は、死後の1763年に出版された論文「偶然論における一問題の解法」[1]です。この論文は、ベイズの友人のリチャード・プライス（*Richard Price*）によって王立学会に送付され、出版されました。ケンブリッジの盲目の数学者ニコラス・サーンダソン（*Nicholas Saunderson*, 1682-1739）[39]もまた、ベイズの定理の発見者と考えられる場合もあります。

　フランスの数学者ピエール＝シモン・ラプラス（1749-1827）は、1812年にベイズとは独立にベイズの定理を発見しました。この理由から、ベイズの定理はよく「ベイズ＝ラプラスの定理」とも呼ばれます。ラプラスは、ベイズ手法を木星の質量推定や医療統計を含むさまざまな問題に適用することに成功したにもかかわらず、この手法は19世紀と20世紀の間、非ベイズ手法（頻度手法）の陰に隠れてしまいます。しかし20世紀、ベイズの定理はまずジェフリーズ（1939）[19]、続いてジェインズ（2003）[18]に支持され復活しました。近年では、ベイズ手法の有効性を示す多くの文献が発表されたこともあり、ベイズ手法の普及が進んでいます[14, 27, 38]。

まとめ

物理学者のリチャード・ファインマンは、次のような言葉を残しています。

> 諸君に第一に気をつけてほしいのは、決して自分で自分を欺かぬ
> ということです。己れというものは一番だましやすいものですか
> ら、くれぐれも気をつけていただきたい。
>
> ——Richard Feynman, 1974
> 『ご冗談でしょう，ファインマンさん（下）』
> （R. P. Feynman 著、大貫昌子訳、岩波書店、2000）

　本質的な特徴として、ベイズの定理は、自分自身を欺いて自分の偏見を信じ込んでしまうのを防ぐ方法を与えてくれます。この定理は、正しい確率が高いものを信じ、そうでないものを疑うための合理的な根拠を示すからです。

ステップアップに向けて
参考図書の紹介

- Bernardo, J. and Smith, A.『Bayesian Theory』(2000)[4]
  - ➡ベイズ的手法の厳密な説明が行われている。実例も豊富。
- Bishop, C.『Pattern Recognition and Machine Learning』(2006)[5]
  - ※『パターン認識と機械学習 上／下　ベイズ理論による統計的予測』(C. M. Bishop 著, 元田浩／栗田多喜夫／樋口知之／松本裕治／村田昇監訳、2012)
  - ➡タイトルが示すとおり、おもに機械学習を扱っているものの、わかりやすく、包括的にベイズ的手法の説明がなされている。
- Cowan, G.『Statistical Data Analysis』(1998)[6]
  - ➡非ベイズ的な統計分析の優れた入門書。
- Dienes, Z.『Understanding Psychology as a Science: An Introduction to Scientific and Statistical Inference』(2008)[8]
  - ➡ベイズの定理に関する学習教材と、ベイズ統計と頻度主義統計の区別に関してわかりやすい分析を提供。
- Gelman, A., Carlin, J., Stern, H., and Rubin, D.『Bayesian Data Analysis, Second Edition』(2003)[14]
  - ➡ベイズ分析に関する厳密かつ包括的な解説。実例も豊富。
- Jaynes, E. and Bretthorst, G.『Probability Theory: The Logic of Science』(2003)[18]
  - ➡ベイズ分析に関する新たな名著。説明は広範囲で詳細。多方面にわたる議論を含むため、ページ数は多い(600ページ)ものの、退屈することはなく、多くの示唆を含む。
- Khan, S.「Conditional probability with Bayes Theorem」(2008)
  - URL http://www.khanacademy.org
  - URL https://www.youtube.com/watch?v=VVr8snbaxZg
  - ➡Salman Khanによるオンラインの数学動画で、ベイズの定理を含むさまざまなトピックに関してわかりやすく解説。
- Lee, P.『Bayesian Statistics: An Introduction, 4th Edition』(2004)[27]
  - ➡ベイズ統計に関する、厳密かつ包括的な教科書。
- MacKay, D.『Information theory, inference, and learning algorithms』(2003)[28]
  - ➡情報理論に関する新たな名著。ベイズの定理を利用した多くのトピックを網羅した、非常に読みやすい教科書。

- Migon, H. and Gamerman, D.『Statistical Inference: An Integrated Approach』(1999)[30]
  - ➡ベイズ的アプローチと非ベイズ的アプローチを比較しながら、推論に関する説明が簡潔に、わかりやすく展開。かなり高度な内容であるにもかかわらず、その文体はこれ以上ないほど学習者向け。

- Pierce, J.『An introduction to information theory: symbols, signals and noise, 2nd Edition』(1980)[34]
  - ➡著者であるPierceによる肩ひじ張らない、学習者向けの文体でありながら、情報理論の基本的定理が余すことなく解説されている。

- Reza, F.『An introduction to information theory』(1961)[35]
  - ➡一つ上で挙げたPierceの本と比べて、より包括的で数学的に厳密な説明をしている。より砕けた形式のPierceの教科書を最初に読んだ後に読むのが理想。

- Sivia, D. and Skilling, J.『Data Analysis: A Bayesian Tutorial』(2006)[38]
  - ➡ベイズ的手法に関して学習者向けに書かれた優れた入門書。

- Spiegelhalter, D. and Rice, K.「Bayesian statistics」(Scholarpedia, 4(8):5230, 2009)[36]
  - **URL** http://www.scholarpedia.org/article/Bayesian_statistics
  - ➡ベイズ統計の現状を信頼できる形で、包括的にまとめた要約。

Appendix

Appendix **A**

基本用語の整理

回帰 *regression*

データ点の集合に対して、パラメーターで決まる曲線（**例** 直線。直線は曲線の特殊例）を当てはめること。

確率 *probability*

確率には多くの定義が存在する。

2つのおもな定義に基づく確率をコイントスとコインの偏りを例に出して解説する。

❶ベイズ論における確率（*Bayesian probability*）

➡あるコインの表面が出る確率を推定するには、過去の観測の中でそのコインが表面を出した割合をはじめとして、観測者が持つすべての情報に基づく

❷頻度論における確率（*frequentist probability*）

➡コインの表面が出る確率は、大量にコイントスを行った結果を元に、表面が出た割合を集計して求められる

確率関数 *probability function* ($\mathbf{pf}$)

離散的な確率変数 Θ のとりうる各値 θ に対して、Θ が値 θ をとる確率を与える関数のことを、Θ の確率関数と呼ぶ。確率変数 Θ が値 θ をとる確率は、$p(\Theta=\theta)$ で表し、より簡潔には $p(\theta)$ と表記する。教科書によっては確率質量関数（*probability mass function*）と記載される。

確率分布 *probability distribution*

確率変数とそれが具体的な値をとる確率との対応を表したもの。連続確率変数の確率分布を表す関数が確率密度関数であり、離散確率変数の確率分布を表す関数が確率関数である。

確率変数　*random variable* (RV)

確率変数のとる各値は、ある試行(**例** サイコロ投げ)がとりうる異なる結果のうちの一つであると考えることができる。ありうる結果の集合は、確率変数の標本空間である。

離散確率変数の確率分布は、とりうる各値に対して確率を定めることで表すことができる。一方、連続確率変数の確率分布は、とりうる各値に対して確率密度を定めることで表すことができる。大文字(**例** X)は確率変数を表し、さらに(文脈にも依存して)その確率変数がとりうる値の集合を表す場合もある(2.1節を参照)。

確率密度関数　*probability density function* (pdf)

連続的な確率変数 Θ のとりうる各値 θ に対して、Θ が値 θ をとる確率密度を与える関数のことを、Θ の確率密度関数と呼ぶ。Θ が値 θ をとる確率が確率密度 $p(\theta)$ (実際には $p(\theta) \times d\theta$)である。

逆確率　*inverse probability*

測定された値(**例** コイントスの結果)に基づき、後ろ向きに推理をすることで、観測されていないパラメーター(**例** コインの偏り)の逆確率とも呼ばれる事後確率 $p(\theta|x_h)$ を求めることができる。

最大事後確率　*maximum a posteriori* (MAP)

観測されたデータが x であるという条件の下で、事後確率分布 $p(\Theta|x)$ を最大化する未知のパラメーター Θ の値を、そのパラメーターの真の値 θ_{true} の最大事後確率、もしくは MAP 推定値という。最大事後確率推定は、θ の各値において、x の形で与えられる現在の証拠と、各 θ の事前確率を集めた $p(\Theta)$ によって与えられる事前知識の両方を考慮して事後確率を計算し、その結果を用いて行われる。

最尤推定値　*maximum likelihood estimate* (MLE)

観測されたデータが x であるという条件の下で、尤度関数 $p(x|\Theta)$ を最大化する未知のパラメーター Θ の値を、パラメーターの真の値 θ_{true} の最尤推定値(MLE)という。

参照事前分布　　*Reference prior*

無情報事前分布として用いられる「偏りのない」分布（詳細は 4.8 節および Appendix H 参照）。

事後～　　*posterior*

事後確率 $p(\theta|x)$ は、現在の証拠（すなわちデータ x）と事前知識に基づいて計算される、パラメーター Θ が θ の値をとる確率を指す。とりうるすべての θ の値で事後確率を計算することで、事後確率分布 $p(\Theta|x)$ が定まる。

事前～　　*prior*

事前確率 $p(\theta)$ は、確率変数 Θ が、値 θ をとる確率を指す。Θ がとりうるすべての値における事前確率を、事前確率分布 $p(\Theta)$ と呼ぶ。

実数　　*real number*

連続直線上の長さとして表せる数。

周辺分布　　*marginal distribution*

多変量（**例** 2 変量）分布の周辺化によって導出される確率分布のこと。たとえば、**図3.4**（p.59）における 2 次元確率分布 $p(X, \Theta)$ は 2 つの周辺分布を持つ。一つは、X に関して周辺化した事前分布 $p(\Theta)$、もう一つは Θ に関して周辺化した周辺尤度の分布 $p(X)$ である。

順確率　　*forward probability*

あるパラメーターにおける既知の値から、事象が発生する確率を前向きに推理することで、その事象の順確率が定まる。たとえば、コインの偏りが θ であるならば、コイントスで表面を観測する順確率 $p(x_h|\theta)$ は θ である [*1]。

条件付き確率　　*conditional probability*

ある確率変数 X が x の値をとるという条件の下で、別の確率変数 Θ の値が θ を

[*1]　**訳注** 本書におけるコインの偏りの定義に基づく。

とる確率。$p(\Theta{=}\theta|X{=}x)$、もしくは$p(\theta|x)$と表記。

積の法則　*product rule*

同時確率$p(x, \theta)$は、条件付き確率$p(x|\theta)$と事前確率$p(\theta)$の積で求められることを指す。すなわち、$p(x, \theta){=}p(x|\theta)p(\theta)$。詳細はAppendix Cを参照。

同時確率　*joint probability*

2つ以上の量が、同時にそれぞれ特定の値をとる確率。たとえば、コイントスの結果が表面x_hで、かつコイン（コイントスに使われたものとは異なる場合もある）の偏りがθである確率は同時確率$p(x_h, \theta)$である。

独立　*independence*

2つの確率変数XとΘが独立であるとき、Xのとる値xは、もう一方の変数Θのとる値θに関する情報を持たない。逆に、θもxに対して情報を持たない。

ノイズ　*noise*

通常は、観測量の一部をなすランダムな揺らぎを指す。

パラメーター　*parameter*

観測データを説明するモデルの役割を果たす数式の一部をなす変数（確率変数の場合も多い）。

標準偏差　*standard deviation*

変数の標準偏差は、その変数の値がどれくらい散らばっているかを表す尺度である。

変数xのn個の値からなる標本があるとき、標準偏差は次のとおりである。

$$\sigma = \sqrt{\frac{1}{n}\sum_{i=1}^{n}(x_i - \bar{x})^2}$$
　式A.1

ここで、$\bar{x}$は標本平均である。また、標本の分散はσ^2である。

ベイズの定理　*Bayes' rule*

観測データ x の条件の下、パラメーター Θ が θ をとる事後確率は、$p(\theta|x) = p(x|\theta)p(\theta)/p(x)$ である。$p(x|\theta)$ は尤度、$p(\theta)$ はパラメーター θ の事前確率、$p(x)$ は x の周辺確率である。

変数　*variable*

変数は基本的に値を入れる「容器」のようなものであり、通常ある一つの値を格納する。変数のとる特定の値を表すのには、小文字(**例** x)を使う。

無情報事前分布　*non-informative prior*

➡参照事前確率の項目、および4.8節を参照。

尤度　*likelihood*

想定されるパラメーターの値が θ であるという条件の下で、観測データ X が x の値をとる条件付き確率を θ の尤度と呼び、しばしば $L(\theta|x)$ と表記する。θ がとりうるすべての値 Θ で尤度を計算することで、$p(x|\Theta)$ が尤度関数を定める。

和の法則　*sum rule*

この法則によれば、変数 X が値 x をとる確率 $p(x)$ は、同時確率 $p(x, \Theta)$ の Θ に関する和として次のように計算できる。

$$p(x) = \sum_{i=1}^{N} p(x, \theta_i) \qquad \text{式A.2}$$

この法則は、全確率の法則とも呼ばれる。Appendix C を参照。

数式に登場する文字や記号

∝	比例を示す（無限の記号 ∞ に似ている）
Σ	ギリシャ文字の大文字のシグマ。足し算（総和）を表す。たとえば、もし $N=3$、数 2, 5, 7 を $x_1=2$, $x_2=5$, $x_3=7$ とすると、その和 S は次のようになる。$$S = \sum_{i=1}^{N} x_i \qquad \text{式B.1}$$ $$= x_1 + x_2 + x_3 \qquad \text{式B.2}$$ $$= 2 + 5 + 7 \qquad \text{式B.3}$$ $$= 14$$ 変数 i は 1 から N まで順に値をとり、各 i については x_i の項を新しい値とし、それをその時点までの和に加算する
Π	ギリシャ文字の大文字のパイ。掛け算（総乗）を表す。たとえば、上で定義した値を使用すると、これら $N=3$ 個の整数値の積は次のようになる。$$P = \prod_{i=1}^{N} x_i \qquad \text{式B.4}$$ $$= x_1 \times x_2 \times x_3 \qquad \text{式B.5}$$ $$= 2 \times 5 \times 7 \qquad \text{式B.6}$$ $$= 70 \qquad \text{式B.7}$$ 変数 i は 1 から N まで順に値をとり、各 i については x_i の項を新しい値とし、それをその時点までの積に乗算する
≈	ほとんど等しいことを意味する
μ	ギリシャ文字のミュー。変数の平均を表す
η	ギリシャ文字のイータ
σ	ギリシャ文字の小文字のシグマ。分布の標準偏差を表す

E	確率変数の平均あるいは期待値を表す(**例** E[X])
N	データセットにおける観測の数を表す(**例** コイントスの回数)
Θ	ギリシャ文字の大文字のシータ。θ_{min} から θ_{max} の範囲の値の集合。Θ を確率変数とすると、Θ が特定の値 θ をとる確率は、確率分布 $p(\Theta)$ が $\Theta=\theta$ のときの値である
θ	ギリシャ文字の小文字のシータ。確率変数 Θ の値
X	x_{min} から x_{max} の範囲の値の集合。X を確率変数とすると、X が特定の値 x をとる確率は、確率分布 $p(X)$ が $X=x$ のときの値で定義される
x	確率変数 X の値
x	順列(丸括弧 $(x_1, ...,)$)、あるいは組み合わせ(中括弧 $\{x_1, ..., \}$)を表す
x^n	x の n 乗。$x=2$, $n=3$ とすると $x^n=2^3=8$
$x!$	x の階乗。たとえば $x=3$ とすると $x!=3\times2\times1=6$
$p(X)$	確率変数 X の確率分布
$p(x)$	確率変数 X が値 x をとる確率
$p(\Theta)$	確率変数 Θ の確率分布
$p(\theta)$	確率変数 Θ が値 θ をとる確率
$p(X, \Theta)$	確率変数 X と Θ の同時確率分布。離散変数の場合、同時確率関数(pf)によって表され、連続変数の場合、同時確率密度関数(pdf)によって表される
$p(x, \theta)$	確率変数 X と Θ が各々 x と θ をとる同時確率
$p(x\|\theta)$	$\Theta=\theta$ という条件の下で確率変数 $X=x$ となる条件付き確率であり、θ の尤度と呼ぶ
$p(x\|\Theta)$	Θ の各々の値の条件の下で $X=x$ である条件付き確率を表し、Θ の尤度関数と呼ぶ
$p(\theta\|x)$	$X=x$ の条件の下での確率変数 $\Theta=\theta$ の条件付き確率であり、$\Theta=\theta$ の事後確率と呼ぶ
$p(\Theta\|x)$	$X=x$ の条件の下での確率変数 Θ の各々の値の条件付き確率の集合であり、Θ の事後確率分布と呼ぶ

( )	丸括弧。慣例どおり、関数の引数を指示するために使用する（**例** $y=f(x)$）。また、順列や数列のように要素に順序のあるものを集めたものを表示するのにも使用する（**例** $X=(1,\ 2,\ 3)$）
{ }	中括弧。慣例どおり、組み合わせや確率変数のとりうる値を集めたもの（標本空間）（**例** $X=\{1,\ 2,\ 5\}$）のように、要素に順序のないものを集めたものを表すのに使用する
[ ]	大括弧。本書では、丸括弧では読みにくくなる場合に代わりに使用する（**例** $p(X)=[p(x_1),\ p(x_2),\ p(x_3)]$）

145

Appendix C
確率の法則

以下では、xをある観測データ、θをパラメーターΘの値とし、データxを用いてθを推定することを考えます。

■──── 独立事象の同時確率

個々の結果が独立なら、それらの発生確率を掛け合わせることで、それらの結果が同時に生じる確率を得ることができます。

たとえば、表面x_hが出る確率が$p(x_h)=0.9$、（したがって）裏面x_tが出る確率が$p(x_t)=(1-0.9)=0.1$であるコインを考えます。このコインを2回トスしたとき、その結果には次のような4つの可能性があります。すなわち、2回とも表面(x_h, x_h)、2回とも裏面(x_t, x_t)、1回めが表面で2回めが裏面(x_h, x_t)、1回めが裏面で2回めが表面(x_t, x_h)です。平均値を求めるために、2回のトスを100回行うことを考えます。各トスを、2回で1組のトスのうち1回めであるか2回めであるかで分類すると、100個の「1回めのトス」の結果と、対応する100個の「2回めのトス」の結果が得られます 表C.1 （以下、1回めおよび2回めのトスをそれぞれトス❶、トス❷とします）。

表面が出る確率は$p(x_h)=0.9$ですから、100個のトス❶において表面が90回、裏面が10回出ることが期待され、同様のことが100個のトス❷にも当てはまります。では、2回トスの組の結果についてはどうでしょうか。

トス❶で得られる各表面について、対応するトスの結果を調べることができ

表C.1　　トスの分類

	h	t	$\{h, h\}$	$\{h, h\}$	(h, t)	(t, h)	$\{t, h\}$
N	90	10	81	1	9	9	18
$N/100$	0.90	0.10	0.81	0.01	0.09	0.09	0.18

90%の確率で表面の出るコインを用いた2回のトスを100回実施するときに結果としてありうる各組が出現する（期待）回数Nと確率（$N/100$）をテーブルに示す。2回のトスで表面と裏面が出た順序を考慮した並び（あるいは順列）は丸括弧( )で書き、順序を考慮しない並び（あるいは組み合わせ）は中括弧{ }で書いている。

るので、そこから1回めと2回めのトスの、表面と裏面のそれぞれの種類(たとえば(x_h, x_t))の組の数を求めれば良いです。すでに見たように、100個のトス❶の結果、表面が出る回数は、平均的に次のようになります。

$$90 = 0.9 \times 100$$

式C.1

この90回の表面の結果それぞれについて、対応する90個のトス❷の結果は、トス❶の結果に依存しません(独立です)。したがって、90個のトス❷のうち表面が出る回数は次のとおりであると期待されます。

$$81 = 0.9 \times 90$$

式C.2

言い換えると、100個の2回コイントスのうち81個では、トス❶とトス❷ともに表面が出るということです。90回という表面の数は 式C.1 から得られたので、式C.2 は次のように書き換えられることに注意します。

$$81 = 0.9 \times (0.9 \times 100)$$

式C.3

$$= 0.81 \times 100$$

式C.4

ここで0.9は表面が出る確率$p(x_h)$ですから、2回とも表面が出る確率は$p(x_h)^2 = 0.9^2 = 0.81$です。

　同様の論理がほかの組(x_h, x_t)と(x_t, x_t)の確率を求める際にも適用できます。(x_t, x_t)の組について、100個のトス❶の結果のうち平均して10回裏面が出ます。これら10回裏面が出たトス❶には対応するトス❷(10回)の結果があり、この10回のトス❷でも1(=0.1 × 10)回裏面が出ると期待されるので、コイントスの100組中の1組は、2つの裏面(x_t, x_t)と考えられます。

　最後の組は、ほんの少しだけ面倒です。順序を考慮した組(x_h, x_t)について、100個のトス❶で平均して90回表面が出るように、対応する90個のトス❷で9(=0.1 × 90)回裏面が出ることが期待されるので、コイントスの100組中の9組が(x_h, x_t)と考えられます。同様に、順番を考慮した組(x_t, x_h)について、100個のトス❶で平均して10回裏面が出るように、対応する10個のトス❷で9(=0.9 × 10)回表面が出ることが期待されるので、コイントスの100組中の9組が(x_t, x_h)と考えられます。順序を考慮しない表面と裏面の組の数を考えると、18(=9+9)の組で表面と裏面が含まれていることが期待されます。このことは、90回の表面という数字が90=0.9 × 100と求められたことから、9=(0.1 × 0.9)

× 100、あるいは$p(x_h)\,p(x_t)×100$と書くことができることに注意します。

まとめると、トスの90％で表面が出るコインを用いる条件の下で、コイントスを2回行ったときどのような組においても、2回とも表面が得られる確率は0.81、2回とも裏面が得られる確率は0.01、そして表面と裏面が得られる確率は0.18であることが、（実際には1回もコイントスすることなく）求められました。これら3つの確率の合計は1になると考えられることに注意します。より重要なことは、コイントスを2回行ったときの結果の各組を得る確率は、それぞれ1回のコイントスの結果に対応する確率の積として得られるということです。

この規則は任意の数のコイントスに適用可能です。たとえば、列$(x_h,\,x_h,\,x_t,\,x_t,\,x_h)$が結果として得られるような5回の連続したコイントスが考えられます。これらの1回1回のコイントスは独立だとして、この観測結果が得られる確率は次のように計算できます。

$$p((x_h, x_h, x_t, x_t, x_h)) = p(x_h)p(x_h)p(x_t)p(x_t)p(x_h)$$ 式C.5
$$= p(x_h)^3 \times p(x_t)^2$$ 式C.6
$$= 0.007$$ 式C.7

これは特定の列（順列）の確率であり、順序を考慮せずに3回の表面と2回の裏面が出る確率には、二項係数（Appendix Eを参照）の形をした定数が含まれることに注意が必要です。

■──── 条件付き確率

$\Theta=\theta$の条件の下での$X=x$の条件付き確率は、次のように定義されます。

$$p(x|\theta) = \frac{p(x,\theta)}{p(\theta)}$$ 式C.8

式C.8 の両辺に$p(\theta)$を掛けることで、次の「積の法則」（連鎖律とも呼ばれます）が得られます。

$$p(x,\theta) = p(x|\theta)p(\theta)$$ 式C.9

■――――和の法則と周辺化

和の法則は、全確率の公式とも呼ばれます。離散の変数の場合、

$$p(x) = \sum p(x, \theta_i)$$

式C.10

であり、これに積の法則を適用すると次が得られます。

$$p(x) = \sum p(x|\theta_i)p(\theta_i)$$

式C.11

連続変数の場合は、和の法則と積の法則によって次が得られます。

$$p(x) = \int_\theta p(x, \theta)\, d\theta = \int_\theta p(x|\theta)p(\theta)\, d\theta$$

式C.12

この操作は「周辺化」と呼ばれ、これにより $X=x$ における同時分布 $p(X, \Theta)$ の周辺確率 $p(x)$ が得られます。X のすべての値へ適用するとき、周辺化によって $p(X, \Theta)$ の周辺確率分布 $p(X)$ が得られます。

■――――ベイズの定理

式C.9 において θ と x とを入れ替えて、

$$p(\theta, x) = p(\theta|x)p(x)$$

式C.13

とすると、$p(x, \theta) = p(\theta, x)$ であることから、式C.9 と 式C.13 を合わせて次が得られます。

$$p(\theta|x)p(x) = p(x|\theta)p(\theta)$$

式C.14

式C.14 の両辺を $p(x)$ で割ると、次のようにベイズの定理が得られます。

$$p(\theta|x) = \frac{p(x|\theta)p(\theta)}{p(x)}$$

式C.15

Appendix **D**
確率密度関数

■——ヒストグラム

5000人の身長を測定し、各身長の人数を数え上げると、結果として得られる各身長の合計(人数)によってヒストグラムを描くことができます。ヒストグラムは、**図5.1 ⚫** (p.101)に示されているように、数え上げた結果を集めたものをグラフ表示したものです。具体的には、$N=5000$ の身長の測定値、

$$\mathbf{x_1} = (x_1, x_2, \cdots, x_N)$$

式 D.1

によって人数を要素とする順列が定義でき、これにより次に説明するようにヒストグラムを描くことができます。

異なる身長の人数を数え上げたいので、測定された身長の範囲をいくつかの間隔に分割する必要があります。ここでは $\delta x=1$ インチ [*1] とし、60〜84インチまでを考えます(δ はギリシャ文字の小文字のデルタ)。これにより合計で $N_x=24$ の間隔あるいは階級が得られ、各々の階級は下限と上限によって定義されます(たとえば、第一の階級は60〜61インチとなります)。

各々の階級について、その階級に収まる測定値となった身長の人数を数えます。第一の階級と最後の階級は、人の身長としては極端な範囲の値に属するため、それら階級には相対的に少ない数の測定値しか得られないことが期待されます。逆に、72インチ(182.9cm)あたりは一般的な人の身長になりますから [*2]、それらの階級においてはより大きな割合で測定値が得られることが期待されます。結果として得られるヒストグラムは、**図5.1 ⚫** に示されるように典型的な釣鐘状の形になります。

もちろん階級の幅は必ずしも1インチである必要はなく、その幅を δx と定義すれば、i 番めの階級は x_i から $x_{i+1}=(x_i+\delta x)$ の範囲のものとなります。前と

[*1] **訳注** 1インチは2.54cmで、60〜84インチは152.4〜213.4cmです。

[*2] **訳注** BBCの以下の記事よるとイギリス男性の平均身長は175.3cmなので、ここでの記載は架空の大きめな見積りです。 • 参考 **URL** https://www.bbc.com/news/uk-11534042

同様にこの階級の高さは、この範囲に属する測定値の数 n_i です。ゆえにヒストグラムにおける階級の高さは、次のように表現されます。

$$\mathbf{n} = (n_1, n_2, \cdots, n_{N_x})$$ 式D.2

式D.1 は N 個の身長の測定値を表すのに対して、**式D.2** はヒストグラムの N_x 個の階級のそれぞれに収まる身長の人数を表すことに注意します。

ここで、すべての N_x 個の階級の総面積 A は、測定された身長の総数(合計人数)を表し、A についての比として表されるある階級の面積は、ランダムに選んだ値 x がその階級の範囲に収まる確率と等しいです。

$$p(x \text{は} x_i \text{と} x_{i+1} \text{の範囲に収まる}) = \frac{i\text{番めのビンの面積}}{\text{すべてのビンの面積} A}$$ 式D.3

i 番めの階級の面積は高さ n_i と幅 δx の掛け算で求まり(すなわち i 番めの階級の面積 $= n_i \times \delta x$)、すべての N_x 個の階級の面積の合計 A は次のように求まります。

$$A = \left(\sum_{i=1}^{N_x} n_i\right) \times \delta x$$ 式D.4

ここで Σ(大文字のギリシャ文字シグマ)は、それの右側にあるすべて項の合計を表します(Appendix B も参照)。ここで **式D.3** は次のようになります。

$$p(x \text{は} x_i \text{と} x_{i+1} \text{の範囲に収まる}) = \frac{n_i \delta x}{\sum_j n_j \delta x}$$ 式D.5

$$= \frac{n_i}{N}$$ 式D.6

x が何らかの確定した値を必ずとるとすれば、x のすべての値の全確率を合計すると必ず 1 になります。

$$\frac{1}{A} \sum_{i=1}^{N_x} n_i \delta x = 1$$ 式D.7

$p(x_i) = n_i/A$ と定義すると、**式D.7** の対応する項へ代入して次の式が得られます。

$$\sum_{i=1}^{N_x} p(x_i)\delta x = 1 \qquad \text{式D.8}$$

式D.8 はすべての階級の面積の比率を合計するのと等しいので、自明に 1 となります。これは、各々の縦に並ぶ帯の面積をヒストグラムの合計の面積で割ったヒストグラムを表すので、ヒストグラムの面積は 1 です。この「正規化」ヒストグラムにおいて、i 番めの帯の面積は確率「$p(x$ は x_i と x_{i+1} の範囲に収まる$)$」を表します。

■───確率密度

階級の幅 δx を狭めて 0 に近づけていくとき、その幅を dx と書きます。ここでもし階級が十分に小さい幅であると考えるなら、その階級の高さは $p(x_i)$ の値をとる定数と見なすことができます。このことから i 番めの階級の面積は $p(x_i)$ dx であり、それが、x が x_i から (x_i+dx) の間に収まる確率です。

このことから示唆される、微妙な違いながら重要なことは、ここで考えている $p(x)$ の値は確率密度（*probability density*）であって、確率ではないということです。任意の 2 つの値の間に収まる確率が階級の面積であることはすでに述べました。確率を得るためには $p(x)$ に階級の幅 dx を掛け算しなければならないので、任意の x での高さ（$p(x)$ の値）は確率密度に対応します。また、x を変数とし、連続確率変数の分布を表す関数 $p(x)$ は確率密度関数（*probability density function*）あるいは pdf と呼ばれます（**図5.1 C** も参照）。

■───ヒストグラムの面積と積分

階級の幅 δx を 0 に近づけていくとき、慣例として δx は dx に置き換えられ、また、合計を表す記号 Σ（*sigma*）は、「積分」（*integration*）を表す引き延ばされた S に置き換えられて、とりうる値の最小値 x_{min} から最大値 x_{max} を範囲とする次のような積分となります。

$$\int_{x_{min}}^{x_{max}} p(x)\,dx = 1 \qquad \text{式D.9}$$

確率密度関数が描くグラフの面積は、定義から 1 になります。

▪────── 分布の平均

X の値のヒストグラムを正規化したものについて平均値を求めることを考えます。各々の階級の幅を $\delta x = x_{i+1} - x_i$ とすると、x_i と x_{i+1} の間の X の値が全体に占める割合は $p(x_i)\delta x$ です。ここで N_x 個の階級について考えると、その x の平均値は次のようになります。

$$\mathrm{E}[X] = \sum_{i=1}^{N_x} p(x_i)\, x_i\, \delta x \qquad \boxed{\text{式 D.10}}$$

ここで E は平均あるいは期待値を表す標準的な記法です。階級の幅 δx を 0 に近づけていくと、総和は、$x = x_{min}$ から $x = x_{max}$ の範囲における x の値に関する次のような積分になります。

$$\mathrm{E}[X] = \int_{x_{min}}^{x_{max}} p(x)\, x\, dx \qquad \boxed{\text{式 D.11}}$$

この関係は、x の関数 $f(x)$ の平均を求めるのにも次のように利用することができます。

$$\mathrm{E}[f(X)] = \int_{x_{min}}^{x_{max}} p(x)\, f(x)\, dx \qquad \boxed{\text{式 D.12}}$$

この式の右辺では、実質的に、x の各値に対する関数値 $f(x)$ を $p(x)$ で重み付けており、各重み付けは x の各値がどれだけ出現しやすいかを表していることに注意します。もちろんこの関係は任意の変数、たとえば θ であっても適用でき、次のとおり θ_{min} から θ_{max} の範囲における θ の値に関する積分となります。

$$\mathrm{E}[f(\Theta)] = \int_{\theta_{min}}^{\theta_{max}} p(\theta)\, f(\theta)\, d\theta \qquad \boxed{\text{式 D.13}}$$

▪────── 二乗損失関数の評価

二乗損失関数（p.96 を参照）の平均は、$\boxed{\text{式 D.13}}$ の $p(\theta)$ を、x を定数とし、θ を変数とする事後確率密度関数 $p(\theta|x)$ に置き換えるとともに、θ を変数とする関数 $f(\theta)$ を、$\hat{\theta}$ を定数とし θ を変数とする二乗損失関数 $\Delta^2 = (\theta - \hat{\theta})^2$ に置き換えることで得られ、次のとおりとなります。

$$\mathrm{E}[\Delta^2] = \int_{\theta_{min}}^{\theta_{max}} p(\theta|x)\, (\theta - \hat{\theta})^2 \, d\theta \qquad \text{式 D.14}$$

式 D.13 と同様に、 式 D.14 では、θ の各値をとる損失 $(\theta - \hat{\theta})^2$ は $p(\theta|x)$ で重み付けられています。ここで、各々の重み付けは θ の各値の事後確率を表します。

Appendix E

二項分布

■──── 順列と組み合わせ

コイントスを2回したとき、その結果としてコインの表面と裏面の特定の系列あるいは「順列」を観測することができます（たとえば、表面が出た後に裏面が出る）。その一方、2回のうち、1回めと2回めの順序を考えず、表面と裏面が出たというとき、これは「組み合わせ」と呼ばれます。2回のコイントスで表面と裏面が出たとき、2つの可能な順列（$\mathbf{x}_{ht}=(x_h, x_t)$ または $\mathbf{x}_{th}=(x_t, x_h)$）のうちの1つが観測されることになります。2回のコイントスで表面と裏面が出る順序は、2つの可能な順列が観測される確率に影響しないため、それら2つの順列を観測する確率は同じです。すなわち、次のようになります。

$$p(\mathbf{x}_{ht}|\theta) = p(x_h|\theta) \times p(x_t|\theta) \qquad \text{式E.1}$$
$$= \theta \times (1-\theta) \qquad \text{式E.2}$$
$$p(\mathbf{x}_{th}|\theta) = p(x_t|\theta) \times p(x_h|\theta) \qquad \text{式E.3}$$
$$= (1-\theta) \times \theta \qquad \text{式E.4}$$

ここで $\theta=0.6$ とすると、2つの順列を観測する確率は $p(\mathbf{x}_{ht}|\theta)=p(\mathbf{x}_{th}|\theta)=0.24$ となります。これら2つの順列が観測される確率は 0.24 ですから、任意の順序で表面と裏面を観測する確率、言い換えれば、表面と裏面を含む組み合わせの確率は次のようになります。

$$p(\mathbf{x}_{ht}|\theta) + p(\mathbf{x}_{th}|\theta) = 0.48 \qquad \text{式E.5}$$

先に進む前に、ここで記法の整理を行います。特定の組み合わせを表すものとして $\mathbf{x}$ を定義します。$\mathbf{x}$ は $\mathbf{x}=\{x_t, x_h\}$ のように表記して、「2回のコイントスで順序を考慮せずに1回表面が観測された」ことを意味します（ここで中括弧 { } を用いて組み合わせを表します）。この記法を用いて 式E.5 での確率は次のように計算できます。

$$p(\mathbf{x}|\theta) = p(\{x_t, x_h\}|\theta) \qquad \text{式E.6}$$
$$= 2 \times \theta \times (1 - \theta) \qquad \text{式E.7}$$
$$= 0.48 \qquad \text{式E.8}$$

ここで$\theta(1-\theta)$は、表面と裏面をちょうど1回ずつ含む任意の順列の確率、そして2は、表面と裏面をちょうど1回ずつ含む順列の数です。

2回のコイントスの結果として可能な3つの組み合わせ（すなわち、特定のθの条件の下での$\{x_t, x_t\}$、$\{x_t, x_h\}$、$\{x_h, x_h\}$）を観測する確率を計算することで **式E.8** が正しいことが確認できます。組み合わせ$\{x_t, x_t\}$は1つの順列(x_t, x_t)のみを含むので、その確率は次のようになります。

$$p(\{x_t, x_t\}|\theta) = p(x_t|\theta) \times p(x_t|\theta) = 0.16 \qquad \text{式E.9}$$

組み合わせ$\{x_h, x_h\}$についても同様に次のように求まります。

$$p(\{x_h, x_h\}|\theta) = p(x_h|\theta) \times p(x_h|\theta) = 0.36 \qquad \text{式E.10}$$

以上から、2回のコイントスにおいて可能な3つの組み合わせ、すなわち、表面を含まない$\{x_t, x_t\}$、1回表面が出る$\{x_h, x_t\}$、2回とも表面が出る$\{x_h, x_h\}$の確率は次のようになります。

$$p(\{x_t, x_t\}|\theta) = 0.16 \qquad \text{式E.11}$$
$$p(\{x_h, x_h\}|\theta) = 0.36 \qquad \text{式E.12}$$
$$p(\{x_h, x_t\}|\theta) = 0.48 \qquad \text{式E.13}$$

これら確率の合計は次のように1になります。

$$0.16 + 0.36 + 0.48 = 1 \qquad \text{式E.14}$$

ここでの簡単な例から得られる一般的な結果は、次のようになります。コイントスにおいて、n回の表面と$N-n$回の裏面が観測されるような組み合わせの確率を計算するためには、まずそうなるような1つの順列の確率を求め、その確率にn回の表面と$N-n$回の裏面が含まれる順列の個数を掛け算します。ここでのn回の表面と$N-n$回の裏面が含まれる順列の個数は次項で説明する「二項係数」（*binomial coefficient*）によって計算できます。

■───── 二項係数

N回のコイントスでちょうどx回表面が出る順列の個数は、次のように計算できます。

$$_N\mathrm{C}_x = \frac{N!}{x!(N-x)!}$$ 式E.15

ここで$_N\mathrm{C}_x$は二項係数であり、「N個からx個を選ぶ(組み合わせ)」と読みます。たとえば、もし10回コイントスを行ってx=7回表面が出たとき、そのようにx=7回表面が出て、裏面が$N-x$=3回出る順列の数は、$_N\mathrm{C}_x$=120となります。コインが偏っていてθ=0.7としたとき、対応する順列の1つ(たとえば具体的に$\mathbf{x_7}=(x_h, x_h, x_h, x_h, x_h, x_h, x_h, x_t, x_t, x_t)$)が得られる確率は次のとおりとなります。

$$p(\mathbf{x_7}|\theta) = \theta^7(1-\theta)^3 = 2.223 \times 10^{-3}$$ 式E.16

$\mathbf{x_7}$以外でもx=7回表面が出て、裏面が$N-x$=3回出る順列が得られる確率は2.223×10^{-3}であり、そのような順列は$_N\mathrm{C}_x$個あるわけですから、順序を考慮せずx=7回の表面と$N-x$=3回の裏面が得られる(すなわち、このような組み合わせが得られる)確率は次のようになります。

$$p(x|\theta) = {}_N\mathrm{C}_x \, p(\mathbf{x_7}|\theta)$$ 式E.17
$$= 120 \times (2.223 \times 10^{-3})$$ 式E.18
$$= 0.267$$ 式E.19

■───── 二項分布

偏りがθのコインをN回トスし、x回表面を観測する確率は次のようになります。

$$p(x|\theta, N) = {}_N\mathrm{C}_x \, \theta^x(1-\theta)^{N-x}$$ 式E.20

N=10, θ=0.7とした「二項分布」(*binomial distribution*)を **図E.1** に示します(4.1節, p.77も参照)。

二項分布は2種類の結果しか得られないような事象の分析において基礎となるものです。試行回数N(**例** コイントスの回数)が増えるに従い、ある概ね一

般的な仮定の下で二項分布は次第に正規分布（5章とAppendix Fを参照）のように
なります。正規分布は数学的に扱いやすいものであり、この近似によって、
多種多様な文脈において二項分布を正規分布に置き換えることができることは
有益です。

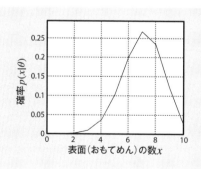

図E.1 二項分布

ここでの二項分布は、偏り $\theta=0.7$ のコインについて $N=10$ 回のトスを行い、表面が出る回数別に確率を
計算したものである。

Appendix **F**

正規分布

　平均 μ_{pop} と標準偏差 σ_{pop} を持つ正規分布の式は次のようになります。μ_{pop}, σ_{pop} は、母集団(*population*)のパラメーターです。

$$p(x_i|\mu_{pop},\sigma_{pop}) = k_{pop}\ e^{-(x_i-\mu_{pop})^2/(2\sigma_{pop}^2)}$$ **式F.1**

ここで $e=2.718$(自然対数の底、ネイピア数)で、$k_{pop} = 1/(\sigma_{pop}\sqrt{2\pi})$ は正規分布の曲線の下の面積の合計が1になることを保証するための定数です(正規化定数)。便宜上、**式F.1** の指数の部分(のマイナス符号をとったもの)を次のように定義しておきます。

$$z_i = \frac{(x_i - \mu_{pop})^2}{(2\sigma_{pop}^2)}$$ **式F.2**

式F.2 を用いると、**式F.1** は次のようにより簡潔に記述できます。

$$p(x_i|\mu_{pop},\sigma_{pop}) = k_{pop}e^{-z_i}$$ **式F.3**

ここで $e^{-z_i} = \dfrac{1}{e^{z_i}}$ であり、このことは z_i が小さくなるほど $p(x_i|\mu_{pop}, \sigma_{pop})$ が大きくなることを意味します。

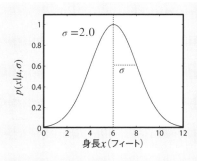

図F.1　　　平均 $\mu=6$、標準偏差 $\sigma=2$ の正規分布

破線の水平線として、標準偏差を表示。ここでの分布は最大値が1になるように縮尺を変更している。

以下ではひとまず平均と標準偏差を定数と考えて、異なる x_i の値について見ていくことから始めます。$x_i = \mu_{pop}$ とすると、二乗誤差である $(x_i - \mu_{pop})^2$ は値が0となり、そのとき z_i はとりうる最小の値(すなわち0)になります。

$$z_i = \frac{(x_i - \mu_{pop})^2}{2\sigma_{pop}^2} = 0$$ 式F.4

式F.1 の $e = 2.718$ の $z_i = 0$ 乗は1であり ($e^0 = 1$)、$x_i = \mu_{pop}$ であるとき、$p(x_i|\mu_{pop}, \sigma_{pop})$ は次のように最大値をとります。

$$p(x_i|\mu_{pop}, \sigma_{pop}) = k_{pop} \, e^{-z_i} = k_{pop}$$ 式F.5

x_i の値が μ_{pop} から離れるに従って指数部の z_i は大きくなり、$p(x_i|\mu_{pop}, \sigma_{pop})$ は減少します。この減少は頂点 ($x_i = \mu_{pop}$) の両側における値の落ち込みを意味しており、ゆえにこの点 ($x_i = \mu_{pop}$) は正規分布の曲線上のピークとも一致しています。

　ここで平均を変えた場合の影響を見てみます。ごく単純に言えば、平均は分布の中心の位置を決定するものですから、その値を変更すると x 軸上での分布の位置が移動します。このことから、正規分布の平均は「位置母数」(*location parameter*)の一つとして知られています。

　次に分布の幅に着目して標準偏差を変えた場合の影響を見てみます。標準偏差 σ_{pop} を変更することで、実質的には、差 $(x_i - \mu_{pop})$ を拡大縮小します。このことを見るため、まず 式F.2 を次のように書き換えます。

$$z_i = \frac{1}{2}\left(\frac{x_i - \mu_{pop}}{\sigma_{pop}}\right)^2$$ 式F.6

ここで σ_{pop} を増加させることは、指数部 z_i に対して差分 $(x_i - \mu_{pop})$ を小さくするのと同じ効果を持つことは容易にわかります。このことから σ_{pop} を増加させると正規分布の曲線の広がりが大きくなります。標準偏差 σ_{pop} は、正規分布の幅を拡大したり、縮小したりするので、「尺度母数」(*scale parameter*)の一つとして知られています。

Appendix **G**
最小二乗法

　ここでは平均 μ の真の値 μ_{true} に関する最小二乗推定値（*least-squares estimate*, LSE）を導出します。まず **式5.19** を次に再掲します。

$$E = \sum_{i=1}^{n} (x_i - \mu)^2 \qquad \text{式G.1}$$

式G.1 において、簡単な表記にするために $-\log p(m, c|\mathbf{x})$ を E としました。以下で、E の最小値は、次の関係が成り立つときに得られることを示します。

$$\mu_{est} = \frac{1}{n} \sum_{i=1}^{n} x_i \qquad \text{式G.2}$$

最小値において、μ についての E の微分は 0 となります。すなわち次の式が成り立ちます。

$$\frac{\partial E}{\partial \mu} = 0 \qquad \text{式G.3}$$

ここで「偏微分」（*partial derivative*）を表す記号 ∂（ラウンドディー）は単変数の微分を表す d の代わりに使用されます。偏微分 ∂ を使用する際は、複数の変数をとる関数において、対象の 1 変数以外は定数と見なし、その変数について微分を行います。どのような初歩的な解析学の書籍にも記載されているとおり、ここで必要なのは、μ についての偏微分の式を求めて、それを 0 と置き、そこから μ について解くことです。

　μ についての E の偏微分を書き下すと次のようになります。

$$\frac{\partial E}{\partial \mu} = \frac{\partial \sum_{i=1}^{n}(x_i - \mu)^2}{\partial \mu} \qquad \text{式 G.4}$$

$$= \sum_{i=1}^{n}\frac{\partial (x_i - \mu)^2}{\partial \mu} \qquad \text{式 G.5}$$

$$= -\sum_{i=1}^{n}2(x_i - \mu) \qquad \text{式 G.6}$$

上記の最後の 式G.6 における和を2つの要素に分解して、次を得ます。

$$\frac{\partial E}{\partial \mu} = \sum_{i=1}^{n}2\mu - \sum_{i=1}^{n}2x_i \qquad \text{式 G.7}$$

$$= 2n\mu - \sum_{i=1}^{n}2x_i \qquad \text{式 G.8}$$

ここでの傾き、すなわちこの偏微分は最小値において0をとるので次の関係が成り立ちます。

$$2n\mu - \sum_{i=1}^{n}2x_i = 0 \qquad \text{式 G.9}$$

上記の 式G.9 を簡単に整理し、次の式を得ます。

$$\mu = \frac{1}{n}\sum_{i=1}^{n}x_i \qquad \text{式 G.10}$$

ここで μ は n 個の観測値に基づいた平均の推定値 μ_{est} にほかならないので、この点について書き直して次を得ます。

$$\mu_{est} = \frac{1}{n}\sum_{i=1}^{n}x_i \qquad \text{式 G.11}$$

式G.11 は 式5.20 と同じものであり、μ_{est} は μ の真の値の最小二乗推定値（LSE）です。

Appendix **H**

参照事前分布

何をもって偏りがない（不偏な）事前分布とするかという問題には、いくつか
の答えがあります。ここでは、ベルナルド（1979）によって与えられた答えの簡
単な説明を示します。ベルナルドはそれを「参照事前分布」[*1]と呼びました。

参照事前分布は、「相互情報量」（*mutual information*）の概念に基づいていま
す。2変数間の相互情報量は、簡潔に言えばそれら2変数がどれだけ緊密に関連
づいているかを表す指標であり、変数間における相互関係の一般的な指標です。
より形式的に述べれば、相互情報量は、一方の変数について、他方の変数によっ
て伝達される平均量の「シャノン情報量」（*Shannon information*）です。ここでx
とθ間の相互情報量は、事後分布$p(\theta|x)$と事前分布$p(\theta)$の差の平均であるこ
とに留意します（ここの差は「KLダイバージェンス」（*Kullback–Leibler
divergence*）によって測られます）。参照事前分布は、xとθ間の相互情報量を
可能な限り大きくする特定の事前分布、また、これは等価なことですが、事前
分布と事後分布の平均KLダイバージェンスを最大化する特定の事前分布として
定義されます。

これがどのように偏りがない事前分布と関わるのでしょうか。相互情報量を
決定づける有益な特徴は、変数の変換の結果から影響を受けない、すなわち「不
変」（*immune, invariant*）ということです。たとえば、ある測定装置が各々の測
定値に定数量kを加算し、xは$y=x+k$として測定されるとします。このとき平
均θは$\varphi=\theta+k$となり、θとφは「位置母数」です。このとき、測定値へのkの
加算にもかかわらず、φとy間の相互情報量はθとx間の相互情報量と同じに
なります。すなわち$I(y, \varphi)=I(x, \theta)$が成り立ちます。このことから、$\theta$と$\varphi$
について$I(y, \varphi)=I(x, \theta)$となる共通の事前分布を選べば、事前分布には（変
換についての不変性によって定義される）「偏りのなさ」があることが保証され

[*1]　**訳注** 「参照事前分布」について、ここだけ読んでも理解するのは難しいと思われますが、日本語によ
る情報が少ないのが現状です。英語による解説になりますが、次の本の解説は比較的わかりやすい
ので、関心のある方は参考にしてみてください。
　・『A Student's Guide to Bayesian Statistics』（Ben Lambert著, SAGE Publications, 2018）

ます。実際、この等式を活用して、まさに望ましい不変性を持つ事前分布を導出することが可能です。位置母数(たとえば平均など)に関して、この等式を満たす唯一の事前分布が一様(事前)分布であることを示すことが可能です。

より具体的な例として、各々が x インチで表される多数のノイズを含んだ測定値に基づいて、テーブルの長さ θ を推定したい状況を考えます。もし誤って定規の先頭の空白部分(長さ k インチ)を含んで測定した場合、各々の測定値は $y = x + k$ インチとなり、その平均は $\varphi = \theta + k$ インチになります。ここで x の平均 θ について、どのような事前分布 $p(\theta)$ を使用しても、偶発的に埋め合わせが必要となった量 k にかかわらず、$y = x + k$ の平均 φ に関して対応する事前分布 $p(\varphi)$ は偏りがないままとなります。上で述べたように、位置母数の偏りのなさを保証する唯一の事前分布は一様(事前)分布です。

さらなる例として、測定装置が各々の測定値に定数 c の掛ける場合、x は $z = cx$ として測定されます。このような状況は、測定に使われた巻き尺が伸びてしまった素材でできており、各々の測定値に一定の比率で誤差が生じるような場合、あるいは、長さがインチかフィートのどちらで測定されたのかわからないような状況において起こりうることです。いずれの場合でも、測定値のスケールについてはわからないことになります。σ を x の標準偏差として定義すると、パラメーター σ は $\psi = c\sigma$ と変換されます。ここで σ と ψ は「尺度母数」です。前の例と同様に、事前分布が σ について偏りがない場合、任意の c について $p(\theta) = p(c\theta)$ が成り立つように、$\psi = c\sigma$ は偏りがないままとなります。ここで尺度母数について等式 $I(z, \psi) = I(x, \sigma)$ を満たす唯一の事前分布は、$p(\sigma) = 1/\sigma$ であると示すことが可能であり、ゆえにそれがこの場合の参照事前分布です。

もちろん、何が正しい事前分布であるかが明らかな場合には、一貫性を保つために、その事前分布は参照事前分布でもあるべきです。たとえば、同時確率密度関数 $p(x, \theta)$ についての周辺確率密度関数 $p(\theta)$ は、その定義から正しい事前分布となります(6章を参照)。重要なこととして、$p(x, \theta)$ のこの周辺確率密度関数は、実際に x と θ 間の相互情報量を可能な限り大きくしたものなので、θ についての参照事前分布であることを示すことができます。

MATLABのサンプルコード

コインの偏りの推定

　以下に示すMATLABのコードは、**図4.7** のグラフを生成するためのものです（なお、使用するMATLABのバージョンは7.5を想定しています）**[1]**。

```
% 偏りbの関数として、表面と裏面が出る確率を描画するMATLABコード
clear all;
% 乱数のシードを設定
s=999; rand('seed',s); randn('seed',s);
% とりうる偏りのベクトルを生成
inc = 0.001;         % 分布のxにおける分解能を設定
bmin = inc;
bmax = 1-inc;
b = bmin:inc:bmax;  % 偏りの値（すなわち表面が出る確率）の範囲
a = 1-b;  % 裏面が出る確率の範囲
% 一様分布と二項分布のどちらかを事前分布として生成
% 一様事前分布のための分岐を設定
uprior=1;
if uprior  % 一様事前分布を使用する場合
    ht=1./(bmax-bmin);
    prior = ones(size(b)).*ht;
else % 二項分布を事前分布とする場合
    C = nchoosek(4,2);         % 実はここでは不要
    p = C.* b.^2 .* a.^2;
    prior = p/max(p);
end

% 事前分布を描画
figure(1);set(gca,'FontSize',20);
plot(b,prior,'k-','Linewidth',2); set(gca,'Linewidth',2);
xlabel('Coin bias, \theta'); ylabel('Prior, p(\theta)');
set(gca,'YLim',[0 1.1],'FontName','Ariel'); grid on;
ni=8; if uprior==0 ni=3; end % 図4.3用のグラフを生成
NN = 2^ni;         % 下のループにおけるコイントスの最大回数はNN
flips = rand(NN,1);% 0～1の間をとるNN個の乱数を取得
x0 = flips<0.6;    % コインの偏りが0.6であるときの表面の数を取得
```

----

[1]　**訳注** Appendix Iのサンプルコードについては、本書の補足情報（p.v）を参照してください。

```
% 特定の結果の分布を表示するためにビットの値を変更
x0(1)=1; x0(2)=0; x0(3)=1; x0(4)=1; fprintf('\n');
% コイントスの回数Nが変わったときの尤度および事後分布を求める
for i=1:ni          % コイントスの回数は2のべき乗に従って増加
    N=2^i;          % コイントスの回数を取得
    x = x0(1:N);    % x0の頭からN個分のコイントスのデータを取得
    k = sum(x);     % 表面が出た回数を取得
    % C = nchoosek(N,k);   % 二項係数（ただし、ここでは不要）
    C = 1;          % 二項係数を1に設定
    nh = k;         % nhは表面が出た回数
    nt = N-k;       % ntは裏面が出た回数
    % 尤度関数は、nh回表面が出て、nt回裏面が出る確率として計算
    lik = C.* b.^nh .* a.^nt;
    lik = lik/max(lik);          % 尤度関数の最大が1であるように縮小または拡大
    % 尤度関数を描画
    figure(2);set(gca,'FontSize',20);
    plot(b,lik,'k-','Linewidth',2); set(gca,'Linewidth',2);
    xlabel('Coin bias, \theta'); ylabel('Likelihood, p({\bfx}|\theta)');
    set(gca,'YLim',[0 1.1],'FontName','Ariel'); grid on;
    p = lik.*prior; % 事後確率を尤度と事前確率の掛け合わせで求める
    maxp = max(p);  % pの最大値を求める
    ind = find(maxp==p);    % pが最大となるインデックスを求める
    p = p/maxp;     % pを最大1となるように正規化
    best = b(ind);  % 偏りの推定値を求める
    % なお、この値は表面の回数/コイントスの回数と等しい
    % 事後分布を描画
    figure(3); set(gca,'FontSize',20); plot(b,p,'k','Linewidth',2);
    set(gca,'YLim',[0 1.1],'FontName','Ariel');
    xlabel('Coin bias, \theta');
    ylabel('Posterior, p({\theta|\bfx})'); set(gca,'Linewidth',2);
    ss=sprintf('Heads = %d/%d',k,N);
    text(0.1,0.9,ss,'FontSize',20); grid on;
    % pの最大値に紐づく偏りの値を表示
    fprintf('Number of heads = %d. Estimated bias = %.3f\n',k ,best);
end
```

回帰分析

以下は、**図5.3** と **図5.4** を描画するための MATLAB コードです。

```
clear all;
s=6; % 乱数のシードを設定
rand('seed',s); randn('seed',s);
% 傾きmと切片cにより、ノイズを含むデータを生成
% 水平軸として、11人分の収入の値を設定
s = 1:1:11; s=s';
% 傾きmと切片cに関して真の値を設定
m = 0.5;
c = 3;
% 身長の測定値の標準偏差を設定
```

```
sds = 2*[1:11]'/10; % rand(size(s))*2;
sds = sds .* [1:11]'/10;
% sdsの値をノイズのベクトル生成に使用
eta = randn(size(s)).*sds;
% etaのいくつかの値をあえて極端に設定
eta(8)=-1; eta(9)=-3; eta(11)=-3;
% ノイズを付与した観測値を求める
x = m*s + c + eta;
% 加重最小二乗法による回帰
% 配列Farrayの最小値を使うことで解を求めることができる
% 各データ点で「割り引かれた」重みwを求める
vars = sds.^2;
w=1./vars;
% 一様なノイズ項での解を得る場合は次の行のコメントを外す
%w=ones(size(w));
% 解が切片項を含むように「1」が連なった列を配列の先頭に追加
ss=[ones(size(s)) s];
[params,stdx,mse,S] = lscov(ss,x,w);
mest2 = params(2);
cest2 = params(1);
%%%%%%%%
xest2 = mest2.*s + cest2;
c0 = cest2;
m0 = mest2;

% 当てはめた直線のxest（文中ではxhat）とデータ点を描画
figure(1); clf;
plot(s,x,'k*',s,xest2, 'k', 'LineWidth',2, 'MarkerSize',10);
set(gca,'Linewidth',2);
set(gca,'FontSize',20);
xlabel('Salary, {\it s} (groats)');
ylabel('Height, {\it x} (feet)');
set(gca,'XLim',[0 12],'FontName','Ariel');
set(gca,'YLim',[0 9],'FontName','Ariel');
% 各データ点における標準偏差を描画
for i=1:11
    x1 = x(i)-sds(i);
    x2 = x(i)+sds(i);
    s1 = i;
    s2 = i;
    ss = [s1 s2];
    xx = [x1 x2];
    hold on;
    plot(ss,xx,'k','LineWidth',2); hold off;
end
% 2次元描画のためのコード。mとcの取りうる範囲を設定
m = mest2;
mmin = mest2-1;
mmax = mest2+1;
c = cest2;
cmin = cest2-1;
cmax = cest2+1;
```

```
% 関数Fの標本をとる際の分解能を設定
minc = (mmax-mmin)/100;
cinc = (cmax-cmin)/100;
Fs = [];
ms = mmin:minc:mmax;
nm = len(ms);
cs = cmin:cinc:cmax;
nc = len(cs);
% 配列FarrayをFの値で埋める
Farray = zeros(nm,nc);
for m1 = 1:nm
    for c1 = 1:nc
        mval=ms(m1);
        cval=cs(c1);
        y1 = mval*s + cval;
        F1 = ((x-y1)./sds).^2;
        Farray(m1,c1)=sum(F1)
        Fs = [Fs F1];
    end
end
% 配列Farrayを描画
figure(2);
Z1 = Farray';
zmin = min(Z1(:));
zmax = max(Z1(:));
range = zmax-zmin;
v = zmin:range/10:zmax;
% 等高線の間隔を調整
v = 0:0.5:8; v=exp(v);
v=v*range/max(v);
[X Y]=meshgrid(ms,cs);
contour(X,Y,Z1,v,'LineWidth',2);
colormap([0 0 0]);
set(gca,'Linewidth',2);
set(gca,'FontSize',20);
xlabel('Slope, {\it m}');
ylabel('Intercept, {\it c}');
% 表面プロット
figure(3);
grid on;
set(gca,'LineWidth',2);
surfl(X,Y,Z1)
shading interp;
set(gca,'Linewidth',2);
set(gca,'FontSize',20);
xlabel('{\it m}');
ylabel('{\it c}');
zlabel('F');
view(-13,30);
colormap(gray);
set(gca,'XLim',[-0.5 1.5],'FontName','Ariel');
set(gca,'YLim',[2 4],'FontName','Ariel');
```

参考文献

[1] Bayes, T.「An essay towards solving a problem in the doctrine of chances」(Philosophical Transactions of the Royal Society, 53: 370–418, 1763)

[2] Beaumont, M.「The Bayesian revolution in genetics」(Nature Reviews Genetics, p. 251–261, 2004)

[3] Bernardo, J.「Reference posterior distributions for Bayesian inference」(Journal of the Royal Statistical Society, Series B, Biological sciences, 41:113–147, 1979)

[4] Bernardo, J. and Smith, A.『Bayesian Theory』(John Wiley & Sons, Ltd., 2000)

[5] Bishop, C.『Pattern Recognition and Machine Learning』(Springer, 2006)
　　※『パターン認識と機械学習 上／下　ベイズ理論による統計的予測』(C. M. Bishop著、元田浩／栗田多喜夫／樋口知之／松本裕治／村田昇監訳、丸善出版、2012)

[6] Cowan, G.『Statistical Data Analysis』(Oxford University Press, 1997)

[7] Cox, R.「Probability, frequency, and reasonable expectation」(American Journal of Physics, 14:113, 1946)

[8] Dienes, Z.『Understanding Psychology as a Science: An Introduction to Scientific and Statistical Inference』(Palgrave Macmillan, Red Globe Press, 2008)

[9] Donnelly, P.「Appealing statistics」(Significance, John Wiley & Sons, Ltd., 2(1):46–48, 2005)

[10] Doya, K., Ishii, S., Pouget, A., and Rao, R.『Bayesian Brain: Probabilistic Approaches to Neural Coding』(MIT Press, 2007)

[11] Efron, B.「Bootstrap methods: Another look at the jackknife」(Annals of Statistics, 7(1):1–26, 1979)

[12] Frank, M. C. and Goodman, N. D.「Predicting pragmatic reasoning in language games」(Science, 336(6084):998, 2012)

[13] Geisler, W. and Diehl, R.「Bayesian natural selection and the evolution of perceptual systems」(Philosophical Transactions Series B, Biological sciences, 357:419–448, the Royal Society, 2002)

[14] Gelman, A., Carlin, J., Stern, H., and Rubin, D. 『Bayesian Data Analysis, Second Edition』(Chapman & Hall, 2003)

[15] Geman, S. and Geman, D. 「Stochastic relaxation, Gibbs distributions. and the Bayesian restoration of images」(Journal of Applied Statistics, 20:25–62, 1993)

[16] Good, I. 「Studies in the history of probability and statistics. XXXVII A. M. Turing's statistical work in World War II」(Biometrika, 66(2):393–396, 1979)

[17] Hobson, M., Jaffe, A., Liddle, A., and Mukherjee, P. 『Bayesian Methods in Cosmology』(Cambridge University Press, 2009)

[18] Jaynes, E. and Bretthorst, G. 『Probability Theory: The Logic of Science』(Cambridge University Press, 2003)

[19] Jeffreys, H. 『Theory of Probability』(Oxford University Press, 1939)

[20] Jones, M. and Love, B. 「Bayesian fundamentalism or enlightenment? On the explanatory status and theoretical contributions of Bayesian models of cognition」(Behavioral and Brain Sciences, 34:192–193, 2011)

[21] Kadane, J. 「Bayesian thought in early modern detective stories: Monsieur Lecoq, C. Auguste Dupin and Sherlock Holmes」(Statistical Science, 24(2):238–243, 2009)

[22] Kersten, D., Mamassian, P., and Yuille, A. 「Object perception as Bayesian inference」(Annual Review of Psychology, 55(1):271– 304, 2004)

[23] Knill, D. and Richards, W. 『Perception as Bayesian inference』(Cambridge University Press, 1996)

[24] Kolmogorov, A. 『Foundations of the Theory of Probability』(Chelsea Publishing Company, 1956)
   ※原著(ロシア語)の初版は1933年。『確率論の基礎概念』(A. N. Kolmogorov 著、坂本 實訳、筑摩書房、2010)

[25] Land, M. and Nilsson, D. 『Animal eyes』(Oxford University Press, 2002)

[26] Lawson, A. 『Bayesian Disease Mapping: Hierarchical Modeling in Spatial Epidemiology』(Chapman & Hall, 2008)

[27] Lee, P. 『Bayesian Statistics: An Introduction, 4th Edition』(John Wiley & Sons, Ltd., 2012)

[28] MacKay, D. 『Information theory, inference, and learning algorithms』(Cambridge University Press, 2003)

[29] McGrayne, S. 『The Theory That Would Not Die』(Yale University Press, 2012)　※『異端の統計学　ベイズ』(S. B. McGrayne 著、冨永星訳、草思社、2018)

[30] Migon, H. and Gamerman, D. 『Statistical Inference: An Integrated Approach』 (Arnold, 1999)

[31] Oaksford, M. and Chater, N. 『Bayesian Rationality: The probabilistic approach to human reasoning』 (Oxford University Press, 2007)

[32] Parent, E. and Rivot, E. 『Introduction to Hierarchical Bayesian Modeling for Ecological Data』 (Chapman & Hall, 2012)

[33] Penny, W. D., Trujillo-Barreto, N. J., and Friston, K. J. 「Bayesian fMRI time series analysis with spatial priors」 (NeuroImage, 24(2):350–362, 2005)

[34] Pierce, J. 『An introduction to information theory: symbols, signals and noise, 2nd Edition』 (Dover, 1961)　※1980年にDoverから再版された

[35] Reza, F. 『An Introduction to Information Theory』 (McGraw Hill, 1961)

[36] Rice, K. and Spiegelhalter, D. 「Bayesian statistics」 (Scholarpedia, 4(3):5230, 2009)

[37] Simpson, E. 「Edward Simpson: Bayes at Bletchley park」 (Significance, John Wiley & Sons, Ltd., 7(2), 2010)

[38] Sivia, D. and Skilling, J. 『Data Analysis: A Bayesian Tutorial』 (Oxford University Press, 2006)

[39] Stigler, S. 「Who discovered Bayes's theorem?」 (The American Statistician, 37(4):290–296, 1983)

[40] Stone, J. 「Footprints sticking out of the sand (Part II): Children's Bayesian priors for shape and lighting direction」 (Perception, 40(2):175–190, 2011)

[41] Stone, J. 『Vision and Brain: How We Perceive the World』 (MIT Press, 2012)

[42] Stone, J., Kerrigan, I., and Porrill, J. 「Where is the light? Bayesian perceptual priors for lighting direction」 (Proceedings of the Royal Society London, Series B, Biological sciences, 276:1797–1804, 2009)

[43] Taroni, F., Aitken, C., Garbolino, P., and Biedermann, A. 『Bayesian Networks and Probabilistic Inference in Forensic Science』 (John Wiley & Sons, Ltd., 2006)

[44] Tenenbaum, J. B., Kemp, C., Griffiths, T. L., and Goodman, N. D. 「How to grow a mind: Statistics, structure, and abstraction」 (Science, 331(6022):1279–1285, 2011)

INDEX

プロフィール

●監訳

岩沢 宏和　Iwasawa Hirokazu

1990年東京大学工学部卒業。1990-1998年、信託銀行勤務（年金アクチュアリー）。2004年から日本アクチュアリー会などで講師。おもに損害保険数理、データサイエンスを教える。早稲田大学客員教授、東京大学非常勤講師など。日本保険・年金リスク学会理事。『損害保険数理（第2版）』（日本評論社、2022、共著）、『入門Rによる予測モデリング』（東京図書、2019）、『分布からはじめる確率・統計入門』（東京図書、2016）、『ホイヘンスが教えてくれる確率論』（技術評論社、2016）など著書多数。

●翻訳

西本 恵太　Nishimoto Keita

2012年同志社大学理工学部卒業、2014年名古屋大学大学院情報科学研究科博士前期課程修了。同年NTT入社。2018-2019年、米国Open Networking Foundationにて訪問研究員。ネットワークのソフトウェア制御、顧客行動データの分析・モデリングに関する研究開発に従事。

須藤 賢　Sudo Masaru

2014年名古屋大学大学院情報科学研究科博士前期課程修了。2020年英グラスゴー大学 統計学修士コース修了。ITインフラ会社を経て、現在コンサルティング会社にて顧客データ分析の業務に従事。

装丁・本文デザイン	西岡 裕二
図版	さいとう 歩美
DTP	酒徳 葉子（技術評論社）
校正	山野 瞳

［速習］ベイズの定理
「推論」に効く数学の力

2023年5月4日　初版　第1刷発行

著者	James V Stone（ジェームズ・V・ストーン）
監訳者	岩沢 宏和
訳者	西本 恵太、須藤 賢
発行者	片岡 巖
発行所	株式会社技術評論社 東京都新宿区市谷左内町 21-13 電話　03-3513-6150　販売促進部 　　　03-3513-6177　第5編集部
印刷／製本	港北メディアサービス株式会社

● お問い合わせについて

本書に関するご質問は記載内容についてのみとさせていただきます。本書の内容以外のご質問には一切応じられませんのであらかじめご了承ください。なお、お電話でのご質問は受け付けておりませんので、書面または小社Webサイトのお問い合わせフォームをご利用ください。

〒162-0846
東京都新宿区市谷左内町21-13
㈱技術評論社
『[速習]ベイズの定理』係
URL https://gihyo.jp（技術評論社Webサイト）

ご質問の際に記載いただいた個人情報は回答以外の目的に使用することはありません。使用後は速やかに個人情報を廃棄します。